„FREIHEIT BEDEUTET,
DASS MAN NICHT
UNBEDINGT ALLES SO
MACHEN MUSS WIE
ANDERE MENSCHEN."

ASTRID LINDGREN

bernette

VORWORT

> *„Wer verstanden hat und nicht handelt, hat nicht verstanden."*
>
> *Wang Yangming, Philosoph*

Umweltschutz und Menschenrechte gehen uns alle an. Spätestens seit den globalen Klimastreiks ist klar, dass es so nicht weitergehen kann.

Wenn wir unser umweltschädliches Verhalten nicht ändern, werden die Folgen nicht mehr rückgängig zu machen sein.

Ich spüre überall eine große Betroffenheit, doch genauso viel Hilflosigkeit. Wo fängt man an mit einem nachhaltigeren Leben?

Die Antwort lautet: Ab sofort, an vielen Stellen gleichzeitig und immer Schritt für Schritt. Große Veränderungen funktionieren nicht über Nacht, wenn sie von Dauer sein sollen.

Jeder Einzelne von uns kann mit gutem Beispiel vorangehen, bis die Politik überhaupt erst den dringend dafür notwendigen Rahmen schafft.

Dieses Buch soll dir mit Infos, Lösungen und umweltfreundlichen Projekten dabei helfen, dein Hobby nachhaltiger zu gestalten. Das ist immerhin ein Anfang.

Aber nun viel Spaß beim Lesen! Vielleicht kannst du ein paar Anregungen auch an anderen Stellen in deinem Leben anwenden.

Ich freue mich darauf, gemeinsam mit dir diesen Weg zu gehen. Lass dich immer wieder neu inspirieren – unserer Zukunft zuliebe!

Petra

NACHHALTIGKEIT

FAKTEN-CHECK

UMWELTFAKTOREN

Ein paar Nummern zu groß: In Deutschland ist der durchschnittliche Verbrauch 4,9 gha*. Die verfügbare **Biokapazität** beträgt aber nur 1,7 gha pro Person.

* globaler Hektar (biologisch produktiver Hektar mit weltdurchschnittlicher Produktivität)

Der **„Earth Overshoot Day“** (Welterschöpfungstag) war 2019 bereits am 29. Juli.

Ökologischer Fußabdruck in Deutschland: Ernährung (35 %), Wohnen (25 %), Mobilität (22 %) und Konsum (18 %).

Die Erwartung an die **Lebensdauer einer Nähmaschine** unter 500 EUR ist durchschnittlich fast 14 Jahre.

TEXTILINDUSTRIE

Trend zu erdölbasierten Kunstfasern – Synthetik macht heute 65 %, Baumwolle nur noch 21 % der **weltweiten Faserproduktion** aus.

10 % aller **Insektizide** werden im Baumwollanbau verwendet.

Pro Leinenhemd spart man gegenüber einem aus Baumwolle fast 20 Liter **Wasser**.

Neue Kunstfasern wie Tencel™ nutzen geschlossene **Kreisläufe**, um Lösungsmittel zu 99 % wiederzuverwerten.

MIKROPLASTIK

Winzige Teilchen – großes Problem: 30 Millionen Tonnen Mikroplastik landen pro Jahr weltweit im **Meer**.

Pro **Waschgang** werden bis zu 3000 Fasern freigesetzt.

Reiniger und Waschmittel verursachen in Deutschland bisher jährlich 55 Tonnen **Mikroplastik**.

Mehr als 35 % des Mikroplastiks in den Meeren stammen von **Chemiefasern** und **Textilien**.

WARUM NACHHALTIGER NÄHEN?

Zu einer lebenswerten Zukunft können wir alle etwas beitragen. Selbermachen ist nicht nur kreativ, sondern eröffnet auch die Möglichkeit, mit gutem Beispiel voranzugehen.

NACHHALTIGKEIT

Aber fangen wir ganz vorne an. Schon im 17. Jahrhundert gab es ein Bewusstsein, dass natürliche Ökosysteme erhalten werden sollen. In einem Wald sollte nur so viel abgeholzt werden, wie in absehbarer Zeit nachwachsen kann.

1972 veröffentlichte der „Club of Rome" den Bericht „Die Grenzen des Wachstums", der mit seiner Kritik die Konsequenzen für künftige Generationen aufzeigt. Nachhaltige Entwicklung hat immer umweltbezogene, soziale und wirtschaftliche Faktoren im Blick.

ÖKOLOGISCHER FUSSABDRUCK

In den 1990er-Jahren wurde dann das Modell des ökologischen Fußabdrucks entwickelt. Damit wird dargestellt, wie viel Fläche ein Mensch mit seinem Lebensstil „verbraucht". Auch Flächen, die wir benötigen, um das entstandene CO_2 in Wäldern zu binden, gehören dazu.

Der eigene Fußabdruck ist gut mit anderen vergleichbar. Auch das jährliche ökologische Defizit lässt sich so berechnen. Der sogenannte „Earth Overshoot Day" gibt den Tag im Jahr an, ab dem die verbrauchten Ressourcen die natürliche Kapazität übersteigen. Momentan wird rein rechnerisch die Kapazität von anderthalb Erden benötigt – mit steigender Tendenz.

In allen vier Bereichen kann jeder von uns etwas zum Positiven verändern. Fang einfach an!

WICHTIGKEIT BEIM NÄHEN

Gerade beim Selbermachen haben wir die Möglichkeit, bewusst auf nachhaltige Aspekte zu achten und auf Unnötiges zu verzichten. Wir können zu einem Ökostromanbieter wechseln und Bio-Stoffe kaufen – und dabei kreativ sein. Mit der Materialwahl und deinem Konsumverhalten kannst du viel beeinflussen.

Selbstgenähtes hat immer auch einen emotionalen Wert, der es uns einfach macht, Projekte gut zu pflegen, damit wir lange etwas davon haben.

Nachhaltiges Nähen ist besonders in der heutigen Zeit sinnvoll. Denn wer sich mit dem Thema auseinandersetzt, kann seine Erkenntnisse auf andere Lebensbereiche übertragen und andere mit seinen Gedanken anstecken. Jeder Einzelne von uns kann ein Umfeld erschaffen, das umgreifende Veränderung möglich macht. Das gibt nicht nur ein gutes Gefühl, sondern verändert auch die Welt.

> „DU WIRST VIELLEICHT NIE WISSEN, WELCHE ERGEBNISSE DEINE AKTION HAT, ABER WENN DU NICHTS TUST, WIRD ES KEIN ERGEBNIS GEBEN."
>
> *Mahatma Gandhi*

HINWEIS

#nachhaltignähen
Lass dich von anderen inspirieren!

MEERE VOLLER MIKROPLASTIK

Kunststoffverpackungen sind nicht der einzige Plastikmüll im Meer. Mikroplastik entsteht auch durch den Abrieb von synthetischen Stoffen wie Fleece und Co.

WÜRDEST DU PLASTIK ESSEN?

Synthetische Teilchen, die kleiner als fünf Millimeter sind, bezeichnet man als Mikroplastik. Es befindet sich nicht nur an der Meeresoberfläche und in den Tiefen der Meere, sondern auch in Meereslebewesen, die irgendwann auf unseren Tellern landen.

Da Kunststoffe Schadstoffe an sich binden und teils giftige Chemikalien enthalten, nehmen Mensch und Tier beim Verzehr auch diese Stoffe mit auf. Noch gibt es kaum Erkenntnisse, wie sich das auf die Gesundheit des Menschen auswirkt, doch bei Meereslebewesen verursacht das erwiesenermaßen Entzündungen.

OHNE MENSCH KEIN MIKROPLASTIK

Entsteht Mikroplastik nur durch immer kleiner werdenden Plastikmüll, der im Meer herumschwimmt? Und was hat der mülltrennende Hobbynäher, der Plastikverpackungen so weit wie möglich vermeidet, damit zu tun?

Wir alle geben jeden Tag Plastikteilchen an die Umwelt ab. Ob Abrieb von Verpackungen, Reifen oder Schuhsohlen – es gibt viele Quellen für die Entstehung von Mikroplastik. Erschreckend ist die hohe Freisetzung durch den Faserabrieb von synthetischer Kleidung, die beim Waschen entsteht. Deshalb sollten wir Stoffe aus Kunstfasern mit besonderer Vorsicht betrachten.

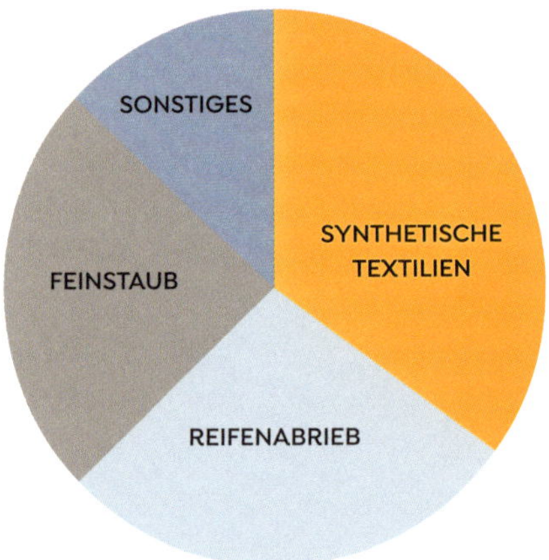

Bisher sind Kläranlagen nicht in der Lage, Mikroplastik komplett aus dem Abwasser herauszufiltern. Kleinste Synthetikfasern landen so nicht nur im Meer, sondern auch über den Klärschlamm auf den Feldern, auf denen unser Gemüse wächst.

TATORT WASCHMASCHINE

Mechanische Belastungen durch die Waschmaschine, aber auch Chemikalien in Waschmitteln beschädigen die Faser und setzen so kleine Teilchen der Textilien frei. Synthetische Fasern sind nicht biologisch abbaubar, und flauschige Kunstfasern wie Fleece geben beim Waschen sogar mehr Fasern ab als Stoffe aus Baumwollgeweben.

Wirf nicht gleich alles aus Synthetik weg, denn das wäre genauso wenig umweltfreundlich. Filtere stattdessen das Mikroplastik aus deiner Wäsche heraus. Spezielle Waschmaschinenfilter sind noch in der Entwicklung, aber Waschbeutel, die kleinste Faserteilchen herausfiltern können, gibt es schon jetzt. Übrigens, je höher die Waschtemperatur, desto höher ist auch die Beschädigung der Fasern.

MIKROPLASTIK IM WASCHMITTEL

Auch in den Rezepturen von Waschmittel und Weichspüler können irrsinnigerweise synthetische Teilchen enthalten sein. Auf Weichspüler sollte generell verzichtet werden, da die Bestandteile oft bedenklich sind und die Textilien ihre Saugkraft verlieren. Selbst Bio-Waschmittel sind nicht zwingend frei von Mikroplastik. Für den Verbraucher ist das oft schwer zu erkennen.

ECO CERT®
ÖKOLOGISCHE
WASCH-&
REINIGUNGSMITTEL

Wer auf Nummer sicher gehen will, hält Ausschau nach dem Ecocert-Siegel, das synthetische Inhaltsstoffe aus Erdgas oder Erdöl nicht erlaubt. Bis alle Hersteller auf neue Rezepturen umgestellt haben, kannst du günstig dein eigenes Waschmittel herstellen. Das geht einfach und spart auch noch Verpackungsmüll (Kastanien-Waschmittel S. 97). Mehr Tipps zur umweltschonenden Textilpflege findest du auf Seite 96.

WIE KANN ICH MIKROPLASTIK VERMEIDEN?

1. **Kaufe Textilien aus Kunstfaser bewusst, da bereits bei der Herstellung Mikroplastik entsteht, oder verwende Naturfaserstoffe.**
2. **Nutze für Synthetikkleidung einen speziellen Waschbeutel.**
3. **Wasche volle Waschladungen bei niedrigen Temperaturen und mit kurzen Waschprogrammen bei geringer Schleuderzahl.**
4. **Verwende Waschmittel ohne synthetische Inhaltsstoffe oder DIY-Waschmittel.**

MATERIALWAHL

Mit deiner Materialwahl kannst du viel beeinflussen. Mit Bio- oder Recyclingstoffen ist ein erster Schritt in Richtung verantwortungsbewusstes Nähen gemacht.

WIE ÖKO IST EIN STOFF?

Wie jedes andere Produkt können auch Stoffe hinsichtlich ihres Ressourcenverbrauchs und ihrer Emissionen miteinander verglichen werden. Dabei spielen Umweltfaktoren wie Transportwege, Energie- und Wasserverbrauch sowie Umweltverschmutzung eine Rolle. Vor allem bei sehr unterschiedlichen Herstellungsarten fällt ein Vergleich oft schwer.

Jeder Stoff hat eine lange Geschichte hinter sich, bis er in unserem Regal liegt. Meist sind wir uns der einzelnen Prozesse einer Produktionskette gar nicht bewusst.

Die beste Ökobilanz haben Stoffe, die schon in deinem Stoffregal liegen. Denn diese sind bereits produziert und transportiert worden und sollten kein Dasein als Schrankleiche führen. Auch Bio- und Recyclingstoffe weisen eine gute Ökobilanz auf.

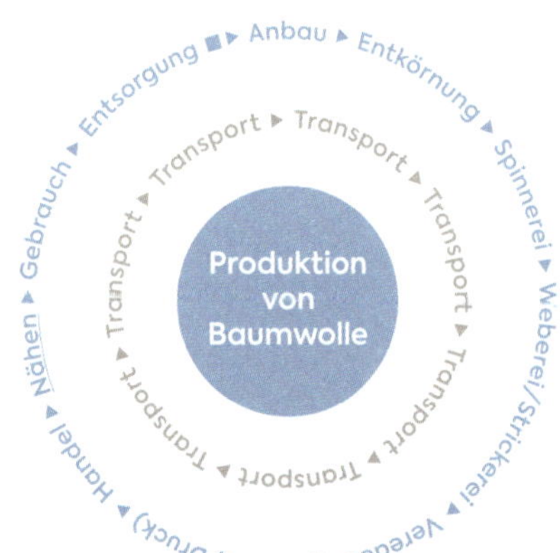

FAIRTRADE-SIEGEL

Fairtrade steht für einen gerechten Handel, der auf Transparenz beruht. Durch verbesserte Lebens- und Arbeitsbedingungen von Arbeitern leistet der faire Handel einen Beitrag zu nachhaltiger Entwicklung. Denn nicht nur ökologische Aspekte sollten im Vordergrund stehen.

Die Kennzeichnung „Fairtrade Certified Cotton" ist ein hauptsächlich soziales Siegel. Lediglich ein Teil der verwendeten Baumwollfasern müssen aus ökologischem Anbau stammen. Fairtrade steht für faire Sozial- und Arbeitsbedingungen. Durch die Zahlung von Mindestpreis und Fairtrade-Prämie für die Baumwollproduzenten, leistet Fairtrade ein Sicherheitsnetz gegen Marktschwankungen. Die Prämie wird in soziale Gemeinschaftsprojekte und Trainings zur Verbesserung des Baumwollanbaus investiert. Über die Verwendung der Fairtrade-Prämie entscheiden die Baumwollproduzenten demokratisch. 40 % bis 60 % der Produzentenorganisationen haben außerdem auch eine Bio-Zertifizierung.

BIO-STANDARDS

Bio-Siegel kennzeichnen Produkte aus ökologischer Herstellung und sind ebenfalls meist an die Einhaltung sozialer Kriterien geknüpft.

Die Bezeichnung „aus kontrolliert biologischem Anbau" (kbA) oder „aus kontrolliert biologischer Tierhaltung" (kbT) ist ein durch die EG-Öko-Verordnung geschützter Begriff. Beachte, dass hier ausschließlich Anbau und Tierhaltung, nicht aber die Färbe- und Druckverfahren oder die Stoffausrüstung kontrolliert werden.

GOTS (Global Organic Textile Standard) ist ein weltweiter Standard für die Textilverarbeitung von Bio-Fasern. Dieses wichtige Textilsiegel definiert neben umwelttechnischen Anforderungen entlang der kompletten Produktionskette auch wichtige soziale Kriterien. Es ist in der Welt der Stoffe das am weitesten verbreitete Siegel in Sachen Nachhaltigkeit.

Das IVN NATURTEXTIL zertifiziert BEST ist ein Siegel, das dem ganzen Unternehmen einen hohen Grad an Nachhaltigkeit bescheinigt und bei Stoffen nur 100 % Naturfasern aus kontrolliert biologischem Anbau oder Tierhaltung erlaubt. Es wird auf alle Produktionsprozesse geachtet, und auch das Verpackungsmaterial darf kein PVC enthalten.

Es gibt natürlich auch Stoffe aus kleinen Manufakturen, die sozial- und umweltverträglich produzieren, sich aber eine meist teure Zertifizierung nicht leisten können.

SHOPPING-GUIDE

Im Dschungel der Stoffe gibt es also vieles zu beachten, wenn man nachhaltig einkaufen möchte. Lies dir in Ruhe das Faserlexikon (ab Seite 14) und das Kapitel „Konsum" (ab Seite 24) durch und überlege, welche Aspekte du umsetzen möchtest.

Am besten ist es, wenn du in deiner Nähe einen Laden findest, der sich auf fair gehandelte Bio-Stoffe spezialisiert hat, denn auch Transportwege zu dir nach Hause und Versandverpackungen schlagen in der Ökobilanz negativ zu Buche.

Mittlerweile gibt es jede Menge Händler, die zertifizierte Bio-Stoffe anbieten. Bei besonderen Produkten wie Tencel™, Bio-Leinen oder recycelter Baumwolle musst du vielleicht etwas länger suchen. Auf Seite 126 findest du Adressen von relevanten Onlineshops.

CHECKLISTE EINKAUF

1. **Nutze das Entscheidungsdiagramm auf Seite 29.**
2. **Wähle einen passenden Stoff mithilfe des Faserlexikons (ab Seite 14) für dein Projekt.**
3. **Spare Stoff, indem du die genauen Abmessungen des benötigten Stoffs überprüfst (siehe Seite 36).**
4. **Kaufe bio, fair und lokal oder bei einem Onlineshop aus deiner Region, der so weit es möglich ist müllfrei verpackt.**

FASERLEXIKON

Egal ob Webware oder Jersey – alle Fasern lassen sich bezüglich Kriterien wie Energie-, Wasser und Flächenverbrauch beurteilen. Hier findest du Infos über die wichtigsten Faserarten.

Naturfasern

BAUMWOLLE

Baumwolle wird schon seit 7000 Jahren angebaut und war lange Zeit der vorherrschende Textilrohstoff. Mittlerweile ist der Marktanteil von Kunstfasern etwa dreimal so hoch.

Neben wirtschaftlichen Vorteilen bringt der konventionelle Baumwollanbau aus großflächigen Monokulturen schwerwiegende ökologische und soziale Probleme mit sich. Der Wasserverbrauch und die Verwendung von Chemikalien zum Schutz vor Schädlingen sind dramatisch hoch. Kinder- und Zwangsarbeit halten immer noch an. Initiativen wie die Better Cotton Initiative (BCI) arbeiten daran, soziale, wirtschaftliche und ökologische Aspekte zu verbessern.

Der arbeitsintensive Baumwollanbau konzentriert sich auf die Länder China, Indien, die USA und Pakistan. Aber auch in Ländern wie Griechenland und der Türkei wird Baumwolle angebaut.

Baumwollgewebe oder -jerseys kennt jeder. Sie sind weich, saugfähig und atmungsaktiv, wodurch sie sich als Heim- und Bekleidungstextilien eignen. Es gibt mittlerweile auch Fleece, Plüschstoffe und Tüll aus 100 % Baumwolle.

Baumwolle läuft vor allem bei zu großer Hitze leicht ein. Halte dich an die Waschempfehlung und wasche deine Stoffe vor, um unangenehme Überraschungen zu vermeiden.

FAZIT

Konventionelle Baumwolle ist nicht empfehlenswert! Achte unbedingt auf Bio-Baumwolle, die bestenfalls GOTS-zertifiziert ist. Besonders nachhaltig ist Recyclingbaumwolle.

EMPFEHLUNG

Konventionelles Produkt:	●○○○○
Bio-Produkt:	●●●●○
Recyclingprodukt:	●●●●●

HANF

Hanf wird seit der Römerzeit in Textilien verwendet und stammt aus den Fasern der Cannabispflanze – natürlich enthält landwirtschaftlich genutzter Hanf kaum THC. Hanffasern gehören wie Flachs zu den Bastfasern. Es heißt, die erste Jeans habe aus Hanf bestanden.

Hanfpflanzen wachsen schnell, sind ertragreich und benötigen dabei wenig Wasser. Sie brauchen fast nie chemische Düngemittel oder Pestizide und sind sogar ein Bodenverbesserer. Lediglich bei der Garnherstellung wird Ätznatron verwendet, um die Fasern zu „entschleimen". Ältere Fabriken mit energieineffizienten Maschinen gibt es vor allem in China. Fabriken in Europa oder Kanada sind energiesparender.

Durch moderne Techniken entstehen weiche, aber zugleich feste Hanfgarne. Stoffe aus Hanf sind sehr reißfest, saugfähig und werden ähnlich wie Leinen verarbeitet und gepflegt. Hanf wird mittlerweile in einer Vielzahl von Kleidungsstücken verwendet – als Webware oder Jersey.

FAZIT

Hanfanbau ist sogar gut für die Umwelt. Bio-Hanf schneidet dabei noch besser ab als konventionell angebauter Hanf. Wenn du jetzt zusätzlich noch auf ein europäisches Anbaugebiet achtest, ist Hanfgewebe sehr zu empfehlen.

EMPFEHLUNG

Konventionelles Produkt:

Bio-Produkt:

Recyclingprodukt:

LEINEN

Zu Viktorianischen Zeiten war Leinen die klare Nummer eins unter den Stoffen. Ab dem 19. Jahrhundert wurde Leinen von Baumwolle und synthetischen Fasern weitestgehend verdrängt. Heute wird langlebiges Leinen vor allem für Heimtextilien genutzt.

Leinen wird aus Flachs gewonnen, der wesentlich weniger Wasser als Baumwolle, aber mehr Pflege als Hanf benötigt. Die Pflanzen sind widerstandsfähig und benötigen wenig Düngemittel oder Pestizide. Flachs wächst in kühleren, gemäßigten Klimazonen wie Westeuropa (beispielsweise Frankreich und Belgien), Weißrussland und den gemäßigten Zonen Chinas. Der Produktionsaufwand ist eher hoch und Leinenstoffe dadurch nicht ganz günstig.

Leinen lässt sich anders als andere Bastfasern fein verspinnen und fusselt nicht. Es ist der perfekte Stoff für heiße Tage, da er atmungsaktiv ist und den Träger kühl hält. Leinen punktet mit dem sogenannten Luxusknitter und wird beim Tragen angenehm weich. Leinenstoffe sollten bei maximal 40 °C im Schongang gewaschen und feucht gebügelt werden.

FAZIT

Leinen hat tolle Eigenschaften und ist umweltfreundlich. Am besten achtest du darauf, dass es aus biologischem Anbau aus Europa stammt.

EMPFEHLUNG

Konventionelles Produkt:

Bio-Produkt:

Recyclingprodukt:

WOLLE

Nachdem die Menschen sich zunächst in geflochtene Pflanzenfasern sowie Felle und Leder kleideten, entwickelten sie nach und nach Methoden, um auch abgeschorene tierische Fasern als Kleidung zu nutzen. Als Wolle bezeichnet man die weichen Fellhaare von Schafen. Die von Kaschmirziegen und anderen Tieren gewonnenen Haare werden meist konkret benannt. Bei Schurwolle handelt es sich um vom lebenden Tier stammende Wolle.

Durch das sogenannte Mulesing und Tierquälerei bei der Schur ist Wolle zu Recht in die Kritik geraten. Beim Mulesing wird bei Schafen, denen zur Produktionssteigerung vermehrt Hautfalten angezüchtet wurden, die Haut rund um den Schwanz oft ohne Narkosemittel entfernt, um den Befall mit Fliegenlarven zu verhindern. Auch Bäder mit wahrscheinlich krebserregendem Permethrin sollen das verhindern. Schafe in Europa werden weder mulesiert noch permethriniert. Schafwolle wird aber vor allem aus Neuseeland und Australien importiert.

Wollstoffe speichern die Wärme des Körpers, können Feuchtigkeit aufnehmen und schneller ableiten als beispielsweise Baumwolle. Wolle ist von Natur aus schmutzabweisend und kann Schweiß binden. Allerdings neigt sie zu Pilling und kann als kratzig empfunden werden. Wasche Wolltextilien selten und nach den Pflegehinweisen des Herstellers. Wollfasern mögen neben Hitze vor allem auch keine starken, mechanischen Belastungen und können dadurch verfilzen.

HINWEIS

Achte bei tierischen Produkten auch auf ethische Aspekte!

FAZIT

Wollfasern ohne Zertifizierung sind aus ethischen Gründen nicht zu empfehlen. Produkte aus kontrolliert biologischer Tierhaltung (kbT) mit GOTS- oder IVN-Zertifizierung sind mulesingfrei. Besonders zu empfehlen sind Recyclingfasern aus Wolle.

EMPFEHLUNG

Konventionelles Produkt: 

Bio-Produkt: 

Recyclingprodukt: 

Kunstfasern aus Zellulose

HERKÖMMLICHE ZELLULOSEFASERN WIE VISKOSE

Viskose ist die älteste Chemiefaser, die ursprünglich als Kunstseide vermarktet wurde. Mit dem Anstieg der Baumwollpreise Anfang dieses Jahrhunderts gewannen Zellulosefasern als billige Alternative Marktanteile. Zellulosefasern werden hauptsächlich aus zerkleinertem Holz gewonnen.

Herkömmliche Zellulosefasern wie Viskose und Cupro sind in Verruf geraten, da das Rohmaterial häufig aus illegaler Abholzung stammt und sich die Verarbeitung mit Chemikalien wie Natronlauge, Schwefelkohlenstoff und Schwefelsäure nachteilig auf Arbeiter und Umwelt auswirkt. Die Herstellung von Viskosefasern trägt zu mehr Treibhausgasemissionen bei als die Herstellung von Baumwolle. Modal ist wie Tencel™ eine Weiterentwicklung von Viskose.

Kunstseide aus Zellulose wird für ihre Weichheit und Fließfähigkeit geschätzt. Sie ist ähnlich saugfähig wie Baumwolle und lässt sich leicht bügeln. Damit eignet sie sich vor allem für sommerliche Textilien.

FAZIT

Herkömmliche Chemiefasern mit veralteten Prozessen sind nicht empfehlenswert. Da die Herkunft nicht immer eindeutig geklärt werden kann, nutze besser Zellulosealternativen, die mit neuen Herstellungsverfahren arbeiten.

EMPFEHLUNG

NEUE ZELLULOSEFASERN WIE TENCEL™

Das derzeit beliebteste Material aus Zellulosefasern ist Tencel™. Das Holz für diese spezielle Lyocellfaser kommt weitestgehend aus nachhaltig bewirtschafteten Wäldern. Aufgrund umweltschonender Lösungsmittel und eines geschlossenen Kreislaufs gilt die dritte Generation der Zellulosefasern als deutlich weniger umweltbelastend als Viskose. Die österreichische Firma Lenzing hat sich auf diese umweltfreundlichen Verfahren spezialisiert. Neue Zellulosefasern können je nach Behandlung sogar biologisch komplett abbaubar sein.

Neue regenerative Fasern wie Tencel™ und Modal sind wie herkömmliche zellulosebasierte Chemiefasern weich und deutlich saugfähiger als erdölbasierte Chemiefasen – und es gibt sie auch als Jersey. Die Stoffe haben einen fließenden Fall und einen glatten, kühlen Griff. Sie eignen sich damit perfekt für Blusen, Kleider und weite Sommerhosen. Nicht alle Herstellungsverfahren von Modal sind ökologisch verträglich.

Wasche Zellulosefasern mit maximal 30 °C im Feinwaschprogramm. Es genügt, Stoffe aus Tencel™ bei mittlerer Hitze zu bügeln.

FAZIT

Die Lyocellfaser Tencel™ ist die umweltfreundlichste aller aktuell verfügbaren Chemiefasern. In der Stoffbranche ist vor allem der Hersteller meetMILK bekannt, der Fasern der Firma Lenzing verwendet. Bei Modal sollte auch auf die Herkunft geachtet werden.

EMPFEHLUNG

Erdölbasierte Kunstfasern

POLYESTER, POLYACRYL, NYLON UND ELASTHAN

1970 kam das damals revolutionäre Polyester auf den Markt und machte Fast Fashion erst möglich. Polyester ist die heutzutage am häufigsten verwendete Faser für Textilien und hat Baumwolle mittlerweile abgelöst. Auch Fasern wie Polyacryl, Nylon und Elasthan (oder Spandex) sind erdölbasierte Fasern.

Synthetische Fasern werden durch eine chemische Reaktion mit Kohle, Erdöl, Luft und Wasser hergestellt. Jährlich werden mehr als 52 Milliarden Liter Öl für die Herstellung von synthetischen Textilien verwendet.

Der Wasser- und Flächenverbrauch ist bei der Herstellung zwar geringer als bei Naturfasern, aber der Energieverbrauch ist enorm. Jährlich werden fast dreimal so viel CO_2 wie bei der Baumwollproduktion ausgestoßen. Bei der Benutzung und beim Waschen gelangt Mikroplastik in die Gewässer, und Produkte auf Erdölbasis bauen sich wie Plastik biologisch nicht ab.

Synthetische Textilien sind vielseitig einsetzbar und widerstandsfähig. Auch in Mischgeweben wie beispielsweise Baumwolljersey mit Elasthan kommen erdölbasierte Fasern zum Einsatz.

FAZIT

Textilien und Garne aus synthetischen Fasern sind nicht empfehlenswert. Nutze besser recyceltes Polyester (rPET), wenn du auf die Vorteile von synthetischen Materialien nicht verzichten kannst.

EMPFEHLUNG

rPET (RECYCELTES POLYESTER)

Recyceltes Polyester wird gewonnen, indem vorhandene Kunststoffflaschen oder Industrieabfälle eingeschmolzen und erneut versponnen werden. Der verwendete Kunststoff erhält so ein zweites Leben.

rPET ist zwar fast genauso gut wie reines Polyester und erzeugt einen niedrigeren Energieverbrauch und weniger Treibhausgasemissionen als neu produziertes Polyester, doch die Qualität verschlechtert sich bei jedem Recyclingvorgang. rPET verbraucht trotz dieser Einsparungen mehr Energie als alle Naturfasern.

Neben Meterwaren aus recyceltem Polyester gibt es zurzeit vor allem Nähgarn aus rPET auf dem Markt.

FAZIT

rPET schneidet wesentlich besser ab als neu hergestelltes Polyester. Mechanisch aufbereitete Recyclingfasern sind dabei empfehlenswerter als chemisch aufbereitete. Bedenke, dass auch rPET Mikroplastik abgibt und biologisch nicht abbaubar ist.

EMPFEHLUNG

Empfehlungen und Alternativen

Der Markt für nachhaltige Materialien ist im Umbruch. Es wurde bereits vieles entwickelt. Bio-Naturmaterialien und recycelte Materialien schneiden dabei besser ab als Produkte aus konventioneller Herstellung. Bedenke immer, dass wir bei unserem aktuellen Konsum unseren Faserverbrauch ressourcentechnisch gar nicht komplett mit Naturfasern decken könnten. Am umweltfreundlichsten ist immer das Material, das du schon zu Hause hast.

Achte schon beim Kauf darauf, wie das Material später die Umwelt belastet. Oft sind nur sortenreine Materialien wirklich recycelbar. Ein altes Shirt aus 100 % Baumwolle lässt sich am Ende seines Lebenszyklus leichter wiederverwerten als eines mit Elasthan-Anteil. Bei nachhaltigen Materialien wie Korkleder sollte auch das Trägermaterial biologisch abbaubar sein.

Halte auch immer Ausschau nach neuen Materialien wie Sojaseide, Qmilk oder Chiengora. Innovative Alternativen sind beispielsweise die seidenähnliche Faser „Orange Fiber", die aus Abfällen von Zitrusfrüchten hergestellt wird, und das Naturleder „Pinatex", das aus Ananasblättern produziert wird. Beides sind Nebenprodukte der Lebensmittelindustrie. Es bleibt spannend, welche neuen Fasern als Meterware in Zukunft zum Vernähen erhältlich sein werden.

ERSETZE ...	DURCH ...
Beschichtete Stoffe aus erdölbasierten Kunstfasern	Bio-Oilskin
Filz aus Polyester oder Viskose	Bio-Wollfilz oder Recycling-Filz
Funktionsstoffe	Tencel™, Bio-Merinostoffe oder rPET-Stoffe
Lederimitat aus Kunststoff	Korkstoff oder echtes Leder (kbT)
Nicki mit Polyester- und/oder Elasthananteil	Nicki aus 100% Bio-Baumwolle
Outdoorstoffe	Bio-Baumwollcanvas oder rPET-Stoffe
Polyesterfleece	Bio-Baumwollfleece oder recycelte Wolle
Tüll aus Polyester oder Nylon	Bio-Baumwolltüll
Viskose und Polyestersatin	Tencel™

KURZWAREN

Garne, Knöpfe & Co. – Die Auswahl an Materialien aus nachwachsenden Rohstoffen ist groß. Nach und nach kannst du dein Sortiment umstellen.

NÄHGARN

Das heutige Standardnähgarn – der sogenannte Allesnäher – ist aus Polyester. Die bessere Alternative ist reißfestes Nähgarn aus rPET, da es in der Herstellung weniger Energie und kein Rohöl benötigt.

Biologisch abbaubar ist Baumwollgarn, wie es zu Großmutters Zeiten üblich war. Nähe am besten Baumwollwebwaren damit, denn Nähgarn sollte im Idealfall aus dem gleichen Material bestehen wie der zu vernähende Stoff.

Baumwollnähgarn ist nicht so reißfest wie Polyestergarn, lässt sich aber problemlos vernähen – vor allem wenn es sich um hochwertiges Baumwollgarn handelt. Nähgarn und Overlockgarn gibt es natürlich auch aus Bio-Baumwolle oder mit GOTS-Zertifzierung.

Bevor du jetzt tief in die Tasche greifst, um neue Garne zu kaufen, brauche erst dein vorhandenes Nähgarn auf. Wenn sich eine Garnrolle dem Ende zuneigt, hinterfrage vor dem Neukauf zuerst, ob du diesen Farbton wirklich benötigst.

KNÖPFE

Bei Knöpfen fällt es besonders leicht, auf Kunststoff zu verzichten. Die Auswahl an Alternativen – oft in Bio-Qualität – ist mittlerweile groß, und sogar Holzknöpfe sind mittlerweile meist waschbar. Knöpfe aus nachwachsenden Rohstoffen sind empfehlenswert.

Besonders interessant sind die hübschen Steinnussknöpfe. Steinnusspalmen wachsen ausschließlich unter dem Schutz großer, tropischer Bäume. Dadurch, dass die Ernte das Einkommen erhöht, achten die ansässigen Bauern auf die Erhaltung des Regenwalds.

Es gibt auch Knöpfe aus recycelten Materialien wie Baumwolle oder Horn, aus Keramik oder aus Metall.

GUMMIBÄNDER

Herkömmliche Gummibänder bestehen aus Polyester und Elastodien. Diese Gummifasern sind aus synthetischen Polymeren, die biologisch nicht abbaubar sind.

Eine bessere Alternative sind ökologische Gummibänder aus Bio-Baumwolle und Naturkautschuk, die es in verschiedenen Breiten, als Gummischnur oder als Knopflochgummi gibt.

EINLAGEN

Zugegeben, spezielle Bügeleinlagen und Vliese sind bei der einen oder anderen Nähtechnik hilfreich. Viele herkömmliche Einlagen sind aber aus Polyester. Wenn du die Einlage nicht weglassen oder durch beispielsweise eine zweite Lage Stoff ersetzen kannst, nutze umweltfreundliche Materialien.

Die Bügeleinlagen F 220 und H 310 bestehen aus 100 % rPET. Auch die beliebte Bügeleinlage H 180 für Kleidungsstücke aus Webware wird zumindest teilweise aus rPET hergestellt.

Aus 100 % Baumwolle sind die Gewebeeinlagen G 700 und G 710. Viele Volumenvliese gibt es aus Baumwolle, Soja-Mischgewebe oder auch mit hohem rPET-Anteil.

WEITERE KURZWAREN

Für das eine oder andere Nähprojekt benötigst du Reißverschlüsse, Bänder, Schnallen und Co. Wähle qualitativ hochwertige Produkte, die lange halten. Taschenzubehör aus Metall beispielsweise ist besonders langlebig und kann wieder für eine neue Tasche eingesetzt werden, wenn sie ersetzt werden muss.

HINWEIS

Verwende Gummibänder aus kaputten Spannbettlaken. Meist sind diese besonders elastisch.

HANDWERKSZEUG

Sein Handwerkszeug ersetzt man eher selten. Wenn doch mal etwas kaputt geht, lege besonderen Wert auf gute Qualität und Langlebigkeit.

WAS BRAUCHE ICH WIRKLICH?

Wie auch bei den Materialien sollte man sich bei Nähmaschinen und Werkzeugen vor dem Kauf immer fragen, was man wirklich zum Nähen braucht.

Natürlich benötigt man zum fachgemäßen Nähen eine Nähmaschine. Aber muss es am Anfang direkt eine Overlockmaschine, eine Coverstitch und eine Stickmaschine sein? Manchmal hilft schon ein Obertransportfuß oder die Verwendung einer Zwillingsnadel. Auch elastische Zierstiche machen andere Maschinen weitestgehend überflüssig.

HINWEIS

Wechsle zu einem echten Ökostrom-Anbieter!

Unverzichtbar sind Werkzeuge wie Stoffschere, Näh- und Stecknadeln, Maßband, Schnittmusterpapier, Schneiderkreide und leider auch ein Nahttrenner. Ein Bügeleisen ist für sauberes Arbeiten ebenfalls unerlässlich.

Bewusster Konsum kann in allen Bereichen des Nähens angewandt werden. Auch für Maschinen und Werkzeug kannst du das Entscheidungsdiagramm von Seite 29 nutzen, wenn du die Fragen leicht anpasst.

WER BILLIG KAUFT, KAUFT ZWEIMAL

Investiere in langlebiges Werkzeug, damit du lange etwas davon hast. Vor allem bei einer Schere zahlt es sich aus, ein hochwertiges Produkt zu kaufen. Das ist im ersten Moment wahrscheinlich teurer, aber über die Jahre relativiert sich der höhere Preis.

Am besten testest du vor dem Kauf, ob die Schere gut in der Hand liegt. Übrigens, wenn du oft mit dicken Stoffen oder vielen Lagen arbeitest, solltest du im Zweifel eine etwas längere Schere wählen. Schneide mit deiner Schneiderschere ausschließlich Stoffe, damit sie lange scharf bleibt.

Auch bei einer neuen Nähmaschine solltest du auf eine lange Lebensdauer achten. Es ist besser, wenn Verschleißteile aus Materialien gefertigt sind, die nicht so schnell an Altersschwäche leiden. Mechanische Maschinen sind weniger reparaturanfällig als elektrische Computernähmaschinen. Oft sind die Produkte namhafter Hersteller etwas robuster gebaut und deren Ersatzteile länger lieferbar.

> *„Es gibt kaum etwas auf dieser Welt, das nicht irgendjemand ein wenig schlechter machen und etwas billiger verkaufen könnte."*
>
> *John Ruskin, Philosoph*

SECOND HAND

Besonders günstig – und nachhaltig – kommst du an hochwertige Nähmaschinen, wenn du sie gebraucht erwirbst. Als Nähmaschinenneuling solltest du vielleicht nicht von privat kaufen, sondern bei einem Nähmaschinenhändler. Dort werden die Maschinen gewartet und mit Garantie verkauft. Bei einem Händler in deiner Nähe kannst du das Modell auch direkt Probe nähen.

MASCHINENPFLEGE

Pflege deine Maschine, vor allem wenn es zu Fehlstichen kommt, wie es in deiner Anleitung beschrieben ist. Reinige Greiferbahn und Transporteur deiner Nähmaschine regelmäßig mit der Fusselbürste. Suche auch nach dem Hinweis, ob deine Maschine geölt werden darf, denn neuere Nähmaschinen kommen häufig ohne Nähmaschinenöl aus.

Alle ein bis zwei Jahre kannst du deine Nähmaschine beim Händler professionell warten lassen. Wenn sie nicht mehr zufriedenstellend näht, ist es höchste Zeit, sie in Reparatur zu geben, damit du lange Freude an ihr hast.

KONSUM

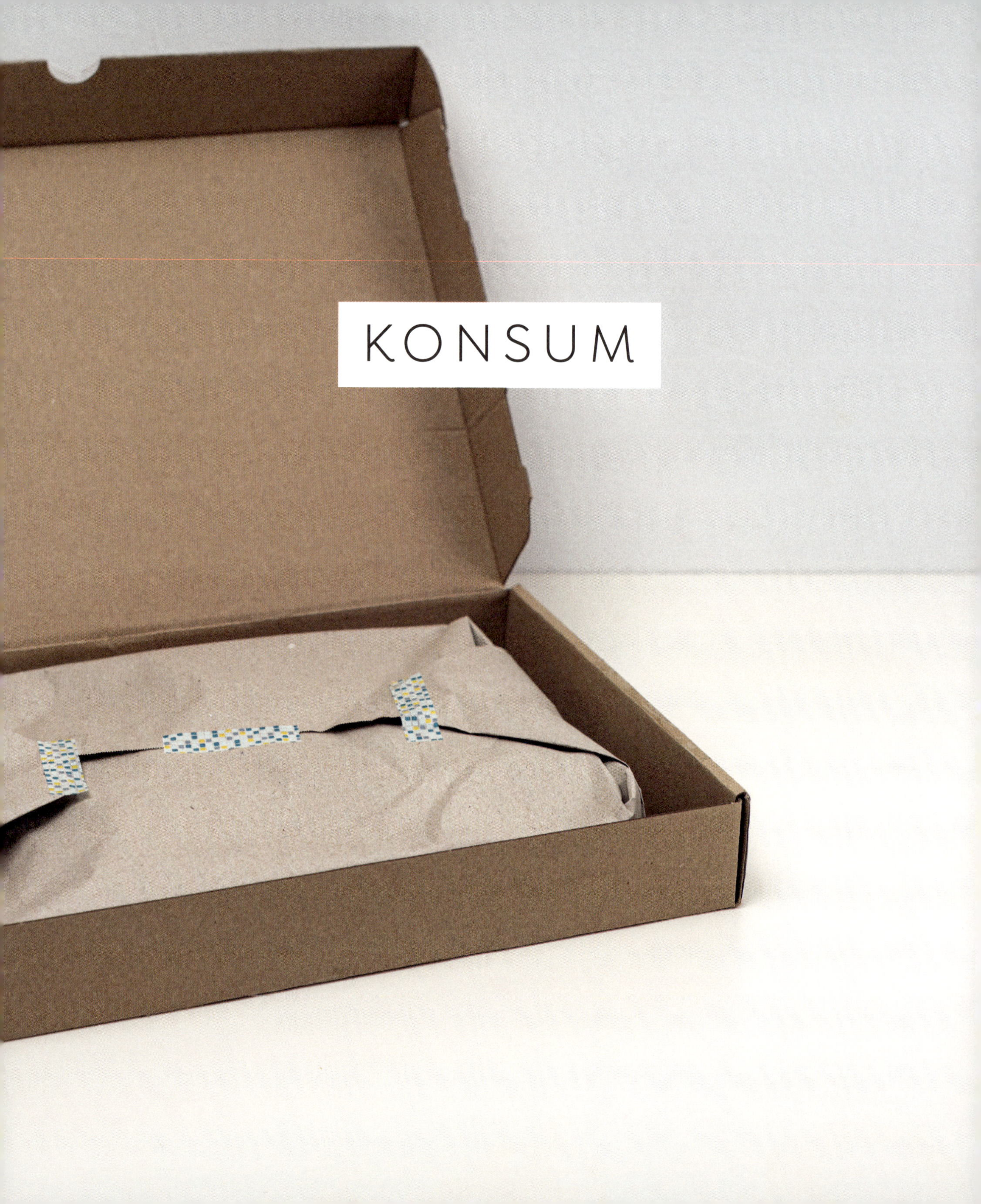

FAKTEN-CHECK

BEWUSST

Der konsumkritische **Kauf-nix-Tag** findet als Gegenbewegung zum Black Friday ebenfalls immer Ende November statt.

Bei der „100 Things Challenge"-Aktion wird der **persönliche Besitz** auf unter 100 Dinge reduziert.

Eine Frau in Deutschland besitzt durchschnittlich 118 **Kleidungsstücke**.

#MakeSmthng – eine **Anti-Konsum-Challenge** im Rahmen der jährlichen „Make Something Week"

ÖKOLOGISCH

Das **umweltfreundlichste Material** ist das, das nicht neu produziert werden muss.

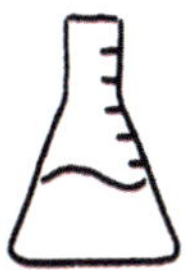

Kontrolliert **biologischer** Anbau (kbA) verzichtet zu 100 % auf umweltschädliche Chemie.

Das OEKO-TEX®-Label überprüft lediglich die **in Textilien enthaltenen Schadstoffe**, nicht die ökologische Herstellung.

Die Label GOTS und IVN Best überprüfen den kompletten **Herstellungsprozess** von der Faser bis zum fertigen Stoff.

FAIR

Faire Textilien entstehen nur bei der Einhaltung hoher **Sozialstandards** wie einer menschenwürdigen Behandlung, Arbeitssicherheit und existenzsichernden Löhnen.

Indische **Kinder** arbeiten in Zwölf-Stunden-Schichten auf Baumwollfeldern und erhalten weniger als 50 Cent pro Tag dafür.

An den Folgen von **Pestizidvergiftungen** sterben jährlich bis zu 40.000 Arbeiter beim Baumwollanbau.

Die Label GOTS und IVN Best achten auf **soziale Kriterien** wie Arbeitsbedingungen und keine Kinderarbeit.

NACHHALTIG KONSUMIEREN

Konsum beeinflusst den Zustand der Umwelt – auch beim Nähen. Wie können wir mit gutem Gewissen Stoffe und Co. konsumieren?

UMWELTKILLER KONSUM

Konsum ist so alt wie die Menschheit. Doch mit der Zeit entwickelte sich eine Konsumgesellschaft, in der die Menschen auch Güter konsumierten, die eben nicht lebensnotwendig sind.

In unserer heutigen Überflussgesellschaft sind Luxusgüter für den Normalbürger erschwinglich geworden. Der Konsum dieser Produkte beeinflusst den Zustand der Umwelt durch Emissionen und Verschmutzungen jedoch enorm. Es liegt in unserer Verantwortung, unseren Konsum bewusster zu gestalten.

TREIBHAUSGASE

Treibhausgase entstehen beispielsweise durch Kohlekraftwerke, die bei der industriellen Herstellung benötigt werden. Wälder, die entstandenes CO_2 binden können, werden abgeholzt oder im tropischen Regenwald gar brandgerodet. Die damit einhergehende Klimaerwärmung zieht schwerwiegende Folgen für Mensch und Umwelt nach sich.

Auch bei der Herstellung von Nähmaschinen, Stoffen und Kurzwaren entstehen in den Fabriken und beim Transport Treibhausgase. Produkte, die in Ländern mit strengen Umweltauflagen hergestellt werden, sind meist umweltfreundlicher. Achte auf qualitativ hochwertige Produkte, damit du sie erst nach langer Zeit ersetzen musst.

HINWEIS

Jedes neue Produkt verbraucht zur Herstellung Ressourcen und Energie.

GIFTIGE CHEMIKALIEN

Die teilweise giftigen Chemikalien im Herstellungsprozess von Stoffen sind nicht nur für den Menschen, sondern auch für die Umwelt schädlich.

Bio-Stoffe kommen beim Anbau ohne Chemiedünger und synthetische Pestizide aus. Wenn auch die restliche textile Produktionskette umwelttechnischen Anforderungen entspricht, minimiert das die Umweltbelastung deutlich.

PROBLEMKIND KUNSTFASER

Kunststoffe und erdölbasierte Kunstfasern wie Polyester haben viele Vorteile, sind aber nicht umweltfreundlich in der Herstellung. Sie sind zudem nicht biologisch abbaubar und geben Mikroplastik (Seite 10) an die Umwelt ab.

Ersetze vor allem Wegwerfartikel aus Kunststoffen nach und nach durch wiederverwendbare Zero-Waste-Artikel. Eine Anleitung für ein Spültuch findest du hier im Buch auf Seite 38.

ÖKOLOGISCH, FAIR, BEWUSST

Nachhaltiger Konsum beinhaltet nicht nur ökologische, sondern auch faire Produktionsbedingungen. Denn nur öko-fair hergestellte Materialien sind nachhaltig für Mensch und Umwelt.

Egal, um welchen Aspekt es sich handelt: Lasst uns genauer hinschauen und unsere eigene Gesamtbilanz im Auge behalten.

Das nachhaltigste Material ist das, das nicht neu produziert wird. Daher müssen wir einen ganz neuen Konsumstil erlernen. Ändere deine Konsumgewohnheiten und nähe maßvoll!

MASSVOLL NÄHEN

Vor allem durch einen nachhaltigen Konsumstil kannst du deinen ökologischen Fußabdruck verbessern. Minimalismus und bewusster Konsum können dabei dein Leben sogar bereichern.

WENIGER IST MEHR

In unserer konsumorientierten Überflussgesellschaft kaufen wir oft wahllos Stoffe und Kurzwaren, ohne genau darüber nachzudenken, ob wir sie wirklich benötigen. Auch wenn wir projektbezogen shoppen, nähen wir zu oft Sachen, die eigentlich überflüssig sind.

„Eines Tages fällt dir auf, dass du 99 % nicht brauchst. Du nimmst all den Ballast und schmeisst ihn weg, denn es reist sich besser mit leichtem Gepäck.“

Silbermond

Die entstandenen Projekte füllen unsere Schränke und Regale. Wir haben mehr, als wir brauchen – mehr Kleidung, mehr Accessoires, mehr Deko. Deshalb sollten wir immer mal wieder hinterfragen, wie viel Nähkonsum zu viel ist.

MINIMALISTISCHER LEBENSSTIL

Der Begriff Minimalismus stammt ursprünglich aus der Kunst. Mittlerweile ist er ein Synonym für einen Lebensstil, bei dem du dich von nutzlosen Gegenständen trennst, um dich auf das Wesentliche konzentrieren zu können.

Vor allem im Urlaub merkt man, mit wie wenigen Dingen man auskommt. Stell dir vor, diese Leichtigkeit könntest du auf deinen Alltag übertragen. Lass nicht zu, dass die Dinge dich besitzen!

FRAGE

Wie viele Dinge braucht man wirklich?

Das Schöne daran: Jeder definiert Minimalismus individuell für sich selbst und lernt ganz nebenbei reduzierte Konsumgewohnheiten. Welche Dinge bringen einen wirklichen Mehrwert in dein Leben?

3 SCHRITTE ZUM MINIMALISMUS

Nur seinen Nähkonsum zu verändern, ist ökologisch gesehen natürlich noch nicht so effektiv. Daher zeige ich dir ganz allgemein, wie du in nur drei Schritten die nutzlosen Dinge um dich herum minimieren kannst.

1. **Überprüfe alle Dinge in deiner Wohnung und in deinem Kleiderschrank. Entscheide, ob die Sachen für dich wesentlich sind und dich glücklich machen.**
2. **Räume alles Überflüssige in einen Umzugskarton. Im besten Fall fühlst du dich anschließend befreit genug, um den Mut zu finden, die Dinge zu verschenken oder zu verkaufen.**
3. **Behalte das gute Gefühl in Erinnerung und kaufe nur noch Dinge, die zu dir und deinem Leben wirklich passen.**

Wenn du vor allem bei deinem Kleiderschrank unsicher bist, was zueinander und zu dir passt, findest du auf Seite 80–83 mehr über die Themen Stilfindung und Capsule Wardrobe.

Von Stoffen, Kurzwaren und Selbstgenähtem kannst du dich emotional vielleicht schwerer trennen. Parke dann alles Überflüssige erst mal für eine gewisse Zeit in einem Umzugskarton. Dein Konsumverhalten wird sich dennoch reduzieren, da du jetzt viel besser einschätzen kannst, was dir wirklich wichtig ist.

ENTSCHEIDE DICH

Brauche ich das geplante Projekt wirklich? Lass dich bei der Projektplanung von diesem Diagramm leiten und kaufe anschließend projektbezogen:

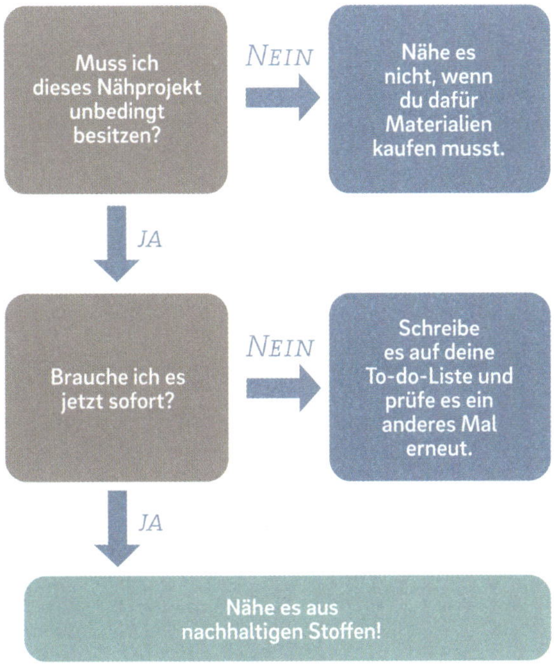

Vielleicht nähst du durch maßvollen Stoffkonsum weniger. Du findest aber zugleich Zeit, andere Techniken auszuprobieren, anspruchsvollere Sachen zu nähen oder einfach nur mal die Seele baumeln zu lassen. Und die Freude am Selbermachen kann dadurch nur wachsen.

UMWELTFREUNDLICH SCHENKEN

Vor allem vor Geburtstagen und Weihnachten wird unser Konsumverhalten auf eine große Probe gestellt.

WARUM BESCHENKEN WIR UNS EIGENTLICH?

Schenken ist immer auch Kommunikation. Es zeigt, dass wir uns in andere hineinversetzen, um genau das Richtige zu finden. Beim Schenken geht es also auch um Gefühle. Der materielle Wert eines Geschenks sollte nie im Vordergrund stehen.

WAS SOLL MAN SCHENKEN?

Es gibt viele gute Gründe, warum du am besten nur Projekte verschenkst, die wirklich gebraucht werden. Frage im Zweifel besser nach, was sich der andere wünscht, auch wenn die Überraschung dann vielleicht nicht mehr ganz so groß ist. Wenn du ein Geschenk mit viel Liebe selbst machst, schmälert das die Freude kaum.

Geschenkideen, die Müll vermeiden, sind natürlich besonders umweltfreundlich. Mehr Ideen dazu findest du im Kapitel über Zero Waste auf Seite 32. Wenn du jetzt noch deine wiederverwendbare Geschenkverpackung selber nähst (Seite 44 und 48), ist dein Geschenk wirklich nachhaltig.

DIY-Geschenke sind kleine Konsum-Schlupflöcher. Sie bieten dir die Möglichkeit, kreativ zu sein und die Umwelt zu schonen. Du weißt ja jetzt, worauf es ankommt.

3× 15 GESCHENKIDEEN		
FÜR FRAUEN	FÜR MÄNNER	FÜR KINDER
Abschminkpads/Waschlappen	Geldbeutel	Babydecke
Einkaufsbeutel oder -tasche	Handyhülle	Buchhülle
Hip-Bag	Kabelorganizer	Dreieckstuch
Kirschkernkissen	Kulturbeutel	Greifling
Kissenbezug	Laptoptasche	Kindergartentasche
Küchentextilien	Lesezeichen	Kuschelkissen
Lavendelsäckchen	Mütze	Kuscheltier
Loop	Rucksack	Lätzchen
Nadelkissen	Schal	Mäppchen
Projektbeutel	Schlüsselanhänger	Objekte für die Kinderküche
Tuch	Schürze	Ohrenmütze
Umhängetasche	Shirt	Pulli
Utensilo	Socken aus Jersey	Pumphose
Wärmflaschenbezug	Unterhosen	Rechenmaus
Yogakissen	Weekender	Schlafanzug

ZEIT STATT ZEUG

Diese Liste ist nur eine Auswahl an möglichen Geschenken. Sie soll zeigen, wie vielfältig Schenken sein kann. Natürlich kannst du auch eine Mütze für Frauen oder eine Umhängetasche für Männer nähen.

Wenn du das Gefühl hast, nichts von alledem wird gebraucht, dann verzichte auf ein materielles Geschenk. Schenke besser Zeit zu zweit – zum Beispiel einen Gutschein für ein leckeres Essen oder einen Kinobesuch.

ZERO WASTE

FAKTEN-CHECK

VERPACKUNGSFREI

Deutschland produziert jährlich mehr als 400 Millionen Tonnen **Müll**.

18,2 Millionen Tonnen **Verpackungen** jährlich in Deutschland – 3,1 Millionen Tonnen davon sind aus **Kunststoff**.

In Deutschland fallen 20 % mehr Verpackungen an als im **europäischen Durchschnitt**.

Im Stoffversandhandel gibt es anders als beim Bürobedarfversender „memo" noch keine **Mehrweg-Versandbox**.

PLASTIKFREI

Die Verwendung von Jute als Verpackungsmaterial ist im **indischen Großhandel** gesetzlich vorgeschrieben.

„Jute statt Plastik!" – 1978 wurde die **Jutetasche** eingeführt und mehr als fünf Millionen Mal verkauft.

Der Jutebeutel wird inzwischen durch öko-faire **Baumwolltaschen** ersetzt.

Um nicht schlechter als eine **Plastiktüte** abzuschneiden, muss ein Baumwollbeutel 100-mal genutzt werden.

MÜLLFREI

Es gibt immer mehr **Unverpackt-Läden**, die ihre Ware lose verkaufen. Suche auf wastelandrebel.com nach „Zero Waste Karte" für einen Laden in deiner Nähe.

Jede Frau, die regelmäßig Make-up benutzt, verbraucht 365 **Wattepads** pro Jahr.

Deutschland verbraucht so viel Papier wie Afrika und Südamerika zusammen, auch in Form von **Geschenkpapier**.

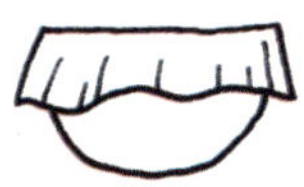

Alu- und Frischhaltefolie sind leicht ersetzbar. Mache **Bienenwachstücher** und **Schüsselhauben** selbst!

MÜLL VERMEIDEN

Papierservietten, Spülschwämme und Verpackungen – Müll entsteht überall da, wo konsumiert wird. Wir haben vieles davon in der Hand.

ZERO WASTE

In der heutigen Wegwerfgesellschaft produzieren wir alle zu viele Abfälle. Seit Salatgurken in Plastik eingeschweißt verkauft werden, kann das keiner mehr übersehen. Der Trend geht daher ganz klar zur Müllvermeidung, auch wenn dabei der Konsument viel zu oft in die Pflicht genommen wird.

Beim Konzept „Zero Waste“ – also „null Müll“ – soll kein Abfall erzeugt und kein Rohstoff vergeudet werden. Das machen zum Beispiel Unverpackt-Läden möglich, die ihre Waren in großen Behältern angeliefert bekommen, die zum erneuten Befüllen wieder zurück an den Hersteller gehen. Der Kunde füllt dann seine Einkäufe in mitgebrachte, wiederverwendbare Gläser, Flaschen und Beutel. Ganz so, wie es auch früher in Tante-Emma-Läden üblich war.

Aber nicht nur Verpackungen, sondern auch Wegwerfprodukte und überflüssige Artikel werden bei diesem Konzept vermieden, da sie am Ende ihres Lebens Müll generieren. Ein komplett abfallfreies Leben ist in der heutigen Zeit kaum möglich. Aber auch „Less Waste“, also „weniger Müll“, ist ein erstes wichtiges Ziel.

„Zero Waste“ basiert auf den sogenannten fünf „Rs“: Refuse, reduce, reuse, recycle, rot. Auch beim Nähen kannst du diese Prinzipien beherzigen.

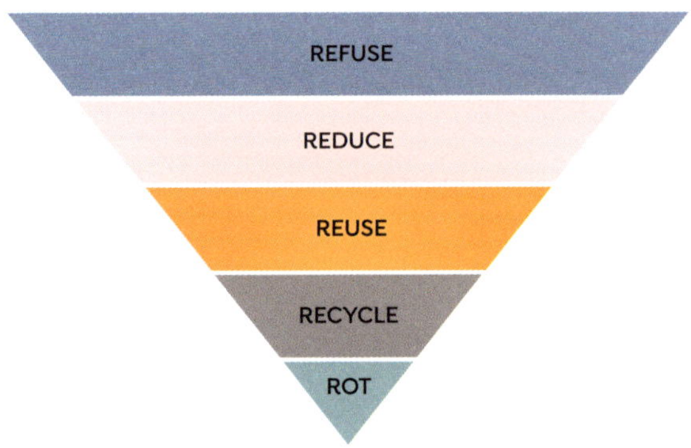

REFUSE = ABLEHNEN

Vermeide Wegwerfprodukte. Das fängt im Supermarkt an, geht über den Coffee-to-go-Becher und hört bei den wöchentlichen Werbeprospekten in der Plastikhülle noch lange nicht auf.

Lehne auch im Stoffgeschäft jegliche Umverpackung ab. Leider gibt es im Onlinestoffhandel noch kein Mehrweg-Versandsystem, um Verpackungsmüll zu sparen. Bestelle deshalb bewusst und versuche, Bestellungen zu bündeln, wenn es nicht anders geht.

REDUCE = REDUZIEREN

Reduziere deinen Konsum und kaufe nur, was du wirklich brauchst (siehe „Maßvoll nähen" auf Seite 28). Dann musst du die unnötig gekauften Artikel später auch nicht entsorgen.

Plane deine Materialmenge vorab und schneide effizient zu. Tipps dazu findest du auf Seite 37.

Bringe aussortierte Projekte wieder in den Umlauf. Wenn Familie und Freunde keinen Bedarf haben, finden sie vielleicht auf einer Tauschparty in deiner Nähe einen dankbaren Abnehmer.

REUSE = WIEDERVERWENDEN

Nutze Pfandsysteme, kaufe secondhand und repariere kaputte Dinge.

Wegwerfprodukte, die sich durch Textilien ersetzen lassen, kannst du oft als wiederverwendbare Variante nähen. Auf Seite 50 findest du ein paar Projektideen.

Und auch wenn es den meisten von uns wahrscheinlich weniger Spaß macht: Flicke löchrige Hosen und ersetze abgewetzte Bündchen. Mit kreativen Lösungen wie dem Visual Mending (Seite 108) macht sogar reparieren Spaß.

RECYCLE = WIEDERVERWERTEN

Auch wenn wir die ersten drei wichtigen „Rs" beherzigen, entsteht dennoch irgendwann Müll. Führe deinen Abfall dem jeweils passenden Recyclingkreislauf zu, auch wenn vieles nur downgecycelt, also minderwertig weiterverwertet, werden kann.

Zerschlissene Kleidung kannst du natürlich auch selbst in Upcyclingprojekten (Seite 98) verwerten. Und auch bei der Resteverwertung (Seite 52) von Stoffen gibt es eine Unmenge an sinnvollen Weiterverwendungsmöglichkeiten.

ROT = KOMPOSTIEREN

Beim Zero-Waste-Konzept sollen im Optimalfall nur Küchenabfälle übrig bleiben, die im Bio-Müll wieder zu Komposterde werden. Das geht auch im eigenen Kompost oder in der Stadt mithilfe einer Wurmkiste.

Achte beim Nähen möglichst darauf, nur Materialien wie Stoffe aus Naturfasern zu verwenden, die biologisch abbaubar sind. So hinterlässt du den kommenden Generationen kein unverrottbares Erbe.

NACHHALTIGE SCHNITTE

Wenn du dein Projekt gut planst, kannst du Papier und Stoff sparen. Das schont nicht nur die Umwelt, sondern auch den Geldbeutel.

PROJEKTPLANUNG

Müllvermeidung beginnt schon, bevor wir uns für einen Schnitt entscheiden. Das Wichtigste ist, dass Projekte nicht als ungeliebte Stücke in Schränken oder Schubladen enden.

Bei Kleidungsstücken ist das besonders wichtig. Hier zählt neben einer guten Passform auch ein zeitloser Stil (Seite 80), damit die Stücke später häufig getragen werden. Auch Kleidungsstücke, die sich innerhalb einer Capsule Wardrobe (Seite 82) vielfältig in Outfits einsetzen lassen, sind nachhaltige Projekte.

E-BOOKS

Wenn du gerne nach E-Books nähst, achte darauf, dass du Druckerpapier sparst. Eine platzsparende Anordnung auf dem Schnittbogen hilft dir. Erkundige dich vor dem Kauf, wie viele Seiten du für den jeweiligen Schnitt drucken musst. Nutze am besten dünnes Recycling- oder die Rückseite von Schmierpapier.

Mit digitalen Innovationen wie der „augmented Reality" lassen sich Ausdrucke sogar komplett umgehen. Das Schnittmuster wird bei der App „Pattarina" mithilfe des Smartphones direkt auf den Stoff übertragen.

Die Anleitungen von E-Books müssen im Normalfall nicht gedruckt werden, sondern können digital gelesen werden. Wer dennoch ausdruckt, sollte auf Anleitungen achten, die nicht unnötig aufgebläht sind. Übrigens, es lassen sich im Druckprogramm auch zwei Seiten verkleinert auf eine Seite drucken – meistens ist das ausreichend lesbar.

SCHNITTMUSTERPAPIER

Wenn du deine Schnitte gut gewählt hast, kannst du sie mehrmals nähen, ohne dass du sie erneut abpausen musst. Schnitte, die nach dem Baukastenprinzip funktionieren, sparen Schnittmusterpapier ein, da du Schnittteile für verschiedene Varianten wiederverwenden kannst.

Und wenn du merkst, dass ein Schnitt doch nicht der richtige für dich ist? Papierschnittmuster und Bücher darfst du inklusive abgepauster Schnittteile weitergeben, wenn du keine Kopie für dich zurückbehältst.

DEIN INDIVIDUELLER ZUSCHNEIDEPLAN

Überprüfe vor dem Stoffkauf, ob der angegebene Materialverbrauch in deiner Größe vielleicht zu hoch angegeben ist. Dafür solltest du alle Papierschnittteile schon jetzt vorbereiten.

Verwende am Anfang einen Stoff in der gleichen Breite wie deinen späteren Stoff, um den tatsächlichen Stoffbedarf zu planen. Später kannst du auch mit einer imaginären Fläche auf deinem Fußboden – am besten von einer Zimmerecke ausgehend – arbeiten.

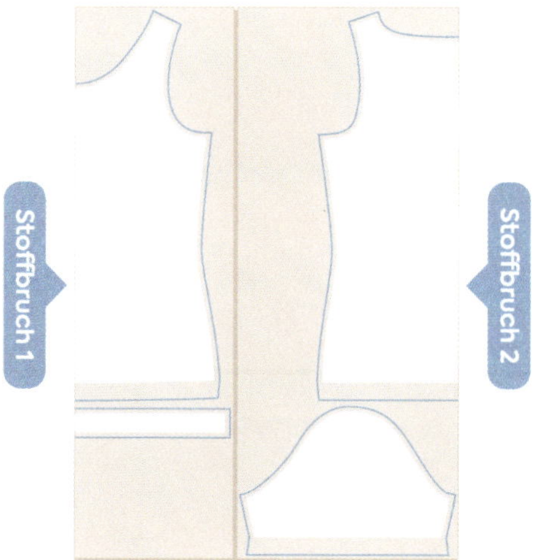

1. **Falte deinen Teststoff wie in der Grafik zu sehen in zwei unterschiedliche Stoffbrüche, da diese Methode am meisten Stoff spart. Die jeweilige Breite kannst du während des Auflegens der Schnittteile noch anpassen.**
2. **Starte mit dem breitesten Schnittteil, das im Bruch zugeschnitten wird, und passe den Stoffbruch an diese Breite an. Verteile dann der Größe nach die restlichen Schnittteile.**
3. **Lege alle Schnittteile so nah wie möglich aneinander. Bedenke dabei immer, ob du eine Naht- oder Saumzugabe hinzugeben musst.**
4. **Fotografiere am Ende dein ausgelegtes Schema, damit du dich beim Zuschnitt darauf berufen kannst. Miss die benötigte Stofflänge aus und addiere je nach Stoffart 5–15 % Reserve dazu, da dein Stoff beim Vorwaschen eingehen kann.**

So erhältst du den individuellen Stoffbedarf für dein Projekt, kannst effizient einkaufen und zuschneiden.

Diejenigen Schnittteile, die du aus Resten oder bereits vorhandenen Stoffen zuschneidest, kannst du bei der Stoffberechnung natürlich ignorieren. Und wenn ein zweites Projekt aus dem gleichen Stoff entstehen soll, lege beides direkt gemeinsam aus. Es ist überraschend, wie ergiebig ein Stoff sein kann, wenn man clever zuschneidet.

Sortiere den verbleibenden Verschnitt in deine Restekiste (Kapitel „Resteverwertung", Seite 52), damit du ihn weiterverwerten kannst. Es ist immer gut zu wissen, mit welchem Resteformat man am ehesten etwas anfangen kann. Denn auch das kannst du beim Auslegen bedenken.

RICHTWERTE

Wenn du nicht die Möglichkeit zum Ausmessen hast, orientiere dich an diesen Stoffverbrauchswerten (bis Größe 44):

- Shirts, Pullis und Kleider: 1× Shirt- oder Kleidlänge plus 1× Ärmellänge
- Röcke: je nach Weite 1–2× Rocklänge
- Hosen: 1× Hosenlänge

TOPFREINIGER UND SPÜLTUCH

Oft sind gekaufte Spültextilien als Wegwerfartikel konzipiert und geben beim Spülen Mikroplastik ab. Das kannst du beim Selbernähen vermeiden.

MATERIAL

Für den Topfeiniger:

→ 21 × 15 cm Jutestoff (z. B. gebrauchter Kaffeesack)
→ 21 × 15 cm Baumwollfrottee (z. B. altes Handtuch)
→ Rest Baumwollband

Für das Spültuch:

→ 42 × 21 cm nicht zu dicker Baumwollfrottee (z. B. altes Handtuch)
→ Rest Baumwollband

ZUSCHNITT

1 cm Nahtzugabe ist enthalten.

FÜR DEN TOPFREINIGER:

→ Aus Jute ein Rechteck zuschneiden: 21 × 15 cm
→ Aus Frottee ein Rechteck zuschneiden: 21 × 15 cm

FÜR DAS SPÜLTUCH:

→ Aus Frottee zwei Quadrate zuschneiden: je 21 × 21 cm

HINWEIS

Jute gehört wie Leinen und Hanf zu den Bastfasern und wird vor allem als Verpackungsmaterial genutzt.

1

2

3

4

1. Topfreiniger und Spültuch werden gleich gearbeitet und unterscheiden sich nur in Format und Material. Übrigens: Das Schnittteil für den Topfreiniger erhältst du, indem du ein altes DIN A4-Blatt halbierst. Auch das Spültuch lässt sich aus einem DIN A4-Papier zurechtfalten: Falte dein Papier zum Quadrat und schneide den Rest ab.
2. Lege ein Stück Band (ca. 10 cm) als Aufhänger diagonal auf die rechte Seite eines der beiden Schnittteile. Die Ecke kannst du frei wählen. Lege das zweite Schnittteil mit der rechten Seite nach unten auf das erste und stecke alles rundherum zusammen. Das Band liegt jetzt innen.
3. Nähe alle vier Seiten mit einem Geradstich zusammen und lasse dabei eine Wendeöffnung von 5–8 cm. Schneide die Nahtzugaben an allen vier Ecken schräg ab, damit diese sich besser ausformen lassen.
4. Wende Topfreiniger oder Spültuch und forme die Ecken schön aus. Bügle die Kanten glatt und achte darauf, dass die Nahtzugabe an der Wendeöffnung sorgfältig nach innen gefaltet ist. Die Wendeöffnung wird im folgenden Schritt automatisch geschlossen.

5

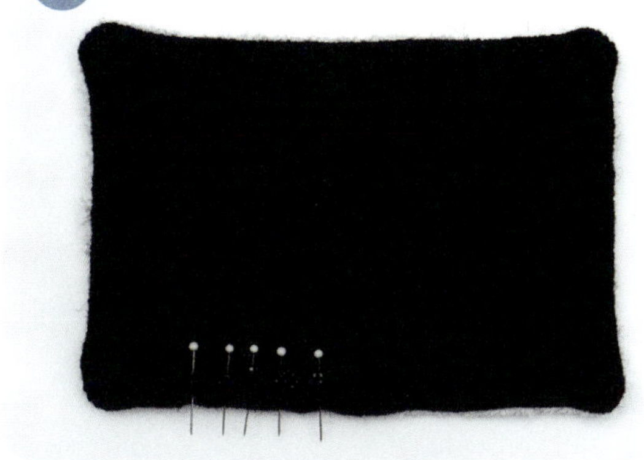

6

5. Steppe Topfreiniger oder Spültuch knappkantig ab. Achte darauf, dass du bei der Wendeöffnung innerhalb der Nahtzugabe nähst. Wenn du eine festere Haptik bevorzugst, kannst du auch weitere Stepplinien aufnähen.
6. Der Topfreiniger wird für mehr Volumen gefaltet verwendet und trocknet dennoch genauso schnell wie das Spültuch. Zwei Härtegrade: Falte für normale Verschmutzung die Schwammseite, für hartnäckige Speisereste die Scheuerseite nach außen.

INFO

Probiere aus, welche Materialien sich für deine Zero-Waste-Textilien eignen. Baumwolle ist meist ein guter Kompromiss. Leinen ist noch saugfähiger und sogar fusselfrei, dafür nicht so scheuerfest. Jute hat eine hohe Scheuerkraft, aber fusselt stark. Sehr saugstark sind Stoffarten wie Frottee, Jersey dagegen ist besonders weich.

ACHTUNG

Spültextilien immer gut auswringen und gut trocknen lassen. Wasche deine Lappen einfach bei jeder Waschladung mit und koche sie regelmäßig in einem Topf aus, um sie keimfrei zu machen.

HINWEIS

Alle doppellagigen Projekte wie beispielsweise Abschminkpads können so gearbeitet werden.

WEITERE DIY-KÜCHENHELFER

Frischhaltefolie, Einmal-Küchentücher und Tücher aus Mikrofaser – sie alle sind leicht durch nachhaltige Textilien zu ersetzen. Überlege selbst, welchen Müll du vermeiden kannst.

ALLZWECKLAPPEN

Gekaufte Lappen lassen sich zwar häufig waschen, sind aber oft aus Polyester-Mikrofasern oder anderen erdölbasierten Fasern. Sie geben Mikroplastik an die Umwelt ab und sind am Ende ihrer Nutzungsdauer nicht biologisch abbaubar.

MATERIAL

→ Altes Hand- oder Geschirrtuch

SO GEHT'S

1. Schneide dein Tuch in Rechtecke (je 20 × 20 cm). Am besten rundest du die Ecken mit Hilfe eines Glases ab.
2. Versäubere die offenen Kanten mit einem Zickzackstich und verriegle das Nahtende.

Vernähe alte Frottiertücher zu Putzlappen fürs Grobe und alte Geschirrtücher zu Staubwischtüchern. Auch für eine verschmierte Kinderschnute eignen sich Tücher aus Frottee gut.

KÜCHENTÜCHER

Es ist lobenswert, wenn wir ressourcenschonend Recycling-Küchenpapier nutzen – vielleicht sogar in der sparsamen Halbblatt-Variante. Die Wiederverwertungsreise des Papiers ist nach einem Einsatz allerdings zu Ende, und das Tuch landet im Müll.

MATERIAL

→ Jerseyreste oder altes Unterhemd

SO GEHT'S

1. Schneide mehrere Rechtecke zu (je 24 × 24 cm). Jersey muss nicht versäubert werden, da er beim Waschen nicht ausfranst.
2. Falte alle Jerseystücke auf das gleiche Format und lege sie in eine dekorative Kiste in Küche oder Esszimmer. So hast du immer ein waschbares Küchentuch parat, wenn etwas umkippt.

Natürlich kannst du auch deine DIY-Allzwecklappen als Küchentuch benutzen.

DIY-BIENENWACHSTUCH

Ich stelle zum Abdecken Kuchenteller und Untertassen in verschiedenen Größen auf passende Schüsseln, um auf Alu- und Frischhaltefolie zu verzichten. Wenn das nicht reicht, nutze ich Bienenwachstücher.

MATERIAL

- → Dünne Webwarereste aus 100 % Baumwolle oder altes Herrenhemd
- → Bienenwachs-Pastillen oder geriebenes Bienenwachs
- → Jojoba-Öl
- → Backpapier
- → Borstenpinsel

SO GEHT'S

1. Verwende nur vorgewaschenen Stoff und schneide am besten mit der Zickzackschere ein Quadrat zu (15 × 15 cm oder 30 × 30 cm). Bedenke bei der Stoffwahl, dass dein Stoff durch die Behandlung etwas gelblich wird.
2. Lege erst ein Stück Backpapier auf ein Backofenblech und dann deinen Zuschnitt darauf.
3. Verteile das Bienenwachs gleichmäßig auf den Stoff. Tröpfle etwas Jojoba-Öl in gleichmäßigen Abständen auf das Tuch, damit die Wachsschicht hinterher geschmeidiger wird. Übrigens, übrig gebliebenes Jojoba-Öl eignet sich hervorragend als Lippenpflege.
4. Erhitze den Backofen auf 90 °C und backe alles ca. 5 Minuten lang, bis das Wachs komplett geschmolzen ist. Am besten nutzt du die Restwärme nach einem Auflauf oder Kuchen. Verteile die flüssige Wachsmischung mit dem Pinsel so, dass sowohl Fläche als auch Ränder gut benetzt sind, und schiebe das Blech noch einmal kurz in den Ofen.
5. Lass anschließend alles gut abkühlen und ziehe dann das Backpapier ab.

Das Bienenwachstuch wird zum Säubern kalt bis lauwarm mit einem milden Spülmittel abgewaschen. Verwende das Tuch keinesfalls für rohes Fleisch und Fisch! Wenn dein Bienenwachstuch brüchig wird, kannst du es erneut in den Backofen legen oder unter Verwendung von Backpapier darüberbügeln.

SERVIETTEN MIT BRIEFECKEN

Stoffservietten werten jede Tischdeko auf. Diese Größe lässt sich super aus Resten nähen und eignet sich auch als japanische Furoshiki-Verpackung für kleinere Geschenke.

MATERIAL

→ 34 × 34 cm aus feinfädiger Webware (z. B. Stoffrest oder abgetragenes Herrenhemd)

ZUSCHNITT

2 cm Saumzugabe sind enthalten.

→ Aus Webware ein Quadrat zuschneiden: 34 × 34 cm

VARIANTE

Ratzfatz-Projekt: Du erwartest ganz plötzlich Gäste zum Essen oder dir fällt kurz vor knapp ein, dass du noch eine Geschenkverpackung brauchst: Natürlich kannst du die Tücher auch schnell mit einem doppelten Umschlagsaum oder einem Rollsaum versäubern.

1

2

3

4

1. Bügle an einer Kante zuerst die halbe Saumzugabe nach innen und anschließend den Rest der Saumzugabe. Klappe die Saumzugabe anschließend wieder auf und wiederhole das an den restlichen drei Seiten. Diese Bügelkanten benötigst du im nächsten Schritt.
2. Falte die äußere Saumkante (halbe Saumzugabe) wieder nach innen um und stecke die aneinandergrenzenden Kanten der ersten Stoffecke rechts auf rechts aufeinander. Die offene Ecke wird dabei wie auf dem Bild zu sehen aus der Faltung herausgeholt. Markiere dir den Punkt, an dem die offene Stoffkante auf die diagonale Falte trifft.
3. Zeichne anschließend von dieser Markierung aus einen rechten Winkel auf der Saumzugabe an und nähe diese Linie mit einem Geradstich ab. Damit der Stoff nicht unter die Nähplatte gezogen wird, ziehe am besten die Nähfäden für die ersten Stiche sanft nach hinten. Verriegle Anfang und Ende der Naht gut.
4. Schneide die Nahtzugabe auf 5 mm zurück und schneide die Kante am Markierungspunkt weiter zurück.

5

6

INFO

Verwende Briefecken für Tischdecken aus aussortierter Bettwäsche, Platzsets aus Stoffresten oder Details wie Schlitze an Kleidungsstücken. Eine Briefecke wirkt immer besonders.

5. Bügle die Nahtzugaben auseinander. Das ist zwar etwas kniffelig, macht die Ecke am Ende aber flacher. Wende die Ecke, forme sie aus und bügle sie flach. Wiederhole die Schritte 2–5 mit den übrigen Ecken.
6. Steppe die Serviette bei Bedarf rundherum knappkantig ab.

HINWEIS

30 × 30 cm ergibt eine tolle Alltags-Serviette aus Stoffresten. Für den besonderen Einsatz sind 45 × 45 cm perfekt.

FUROSHIKI-TECHNIK

Du möchtest ein Geschenk in die Stoffserviette von Seite 44 einpacken? Für jeden Einsatz gibt es die richtige Furoshiki-Technik.

YOTSU MUSUBI

Diese Faltmethode eignet sich besonders für Geschenke und ist vielseitig einsetzbar.

MATERIAL

Nutze ein quadratisches Tuch, dessen Grundfläche mindestens viermal so groß ist wie dein Geschenk. Höhere Geschenke erfordern ein größeres Tuch.

SO GEHT'S

1. Lege das Tuch mit einer Spitze nach unten vor dich und platziere dein Geschenk mittig darauf.
2. Verknote zuerst die linke und rechte Ecke mit einem einfachen Knoten miteinander.
3. Knote die beiden anderen Ecken zusammen.

OTSUKAI TSUTSUMI

Wenn du bei Schritt 2 die Ecken nur flach über das Geschenk schlägst oder faltest, erhältst du eine etwas andere Variante der Geschenkverpackung.

TESAGE BUKURO

Bei dieser Methode knotest du einen Tragehenkel, um zum Beispiel einen kleinen Einkauf zu transportieren.

MATERIAL

Diese Technik ist eher für größere Tücher geeignet. Ein Halstuch mit etwa 1 × 1 m ist perfekt.

SO GEHT'S

1. Lege deine Gegenstände mittig auf das Tuch.
2. Verknote erst die beiden Ecken auf der rechten Seite und dann die beiden anderen Ecken miteinander, sodass zwei Tragehenkel entstehen.

SUIKA TSUTSUMI

Wenn du den einen Henkel durch den anderen ziehst, erhältst du einen Beutel, in dem sich sogar kugelförmige Gegenstände wie eine Melone sicher transportieren lassen.

Es gibt auch für Flaschen und andere längliche Objekte spezielle Furoshiki-Techniken. Im Internet findest du viele weitere Furoshiki-Techniken.

HINWEIS

Knote dein Tuch zu einer Tasche!

ZERO-WASTE-IDEEN

Wegwerfprodukte findest du an vielen Stellen in deinem Leben. Oft lassen sie sich durch wiederverwendbare Textilien ersetzen.

JEDE MENGE NÄHIDEEN

Neben Topfreiniger, Spültuch und Furoshiki-Tüchern gibt es viele Lösungen, wie du Wegwerfartikel durch Selbstgenähtes ersetzen kannst. Achte im Alltag auf alles, was weggeworfen wird. Vielleicht findest du selbst noch ein müllsparendes Projekt.

Die meisten Projekte sind dabei schnell genäht, und du brauchst oft nicht mal eine Anleitung dafür. Fast alle Projekte eignen sich auch als Geschenkidee, und du kannst direkt eine wiederverwendbare Geschenkverpackung dazu nähen.

KÜCHE	BAD	UNTERWEGS
DIY-Bienenwachstücher	Genähte oder gehäkelte Abschminkpads	Brot- und Zugbeutel für unverpackte Einkäufe
Schüsselhauben zum Abdecken	Genähte oder gestrickte Waschlappen statt Baby-Feuchttücher	Obst- und Gemüsenetze
Versäuberte Stoffreste als Küchenpapier oder Putztücher	Genähte Slipeinlagen	Stofftaschentücher und Beutel – für unbenutzte und benutzte Tücher
Waschbare Spültextilien	Seifensäckchen für Seifenreste und als Duschschwamm	Tragetasche oder Lunchbag

3 FRAGEN AN

KATRIN VON KATTEILCHEN ist Nachhaltigkeit sehr wichtig. Sie näht und bastelt vor allem Kleidung und Nützliches. Jedes Projekt ist bei ihr etwas ganz Besonderes. @katteilchen

AUF WAS ACHTEST DU BEIM NÄHEN?

Bevor ich neue Materialien kaufe, schaue ich, was ich habe, und verwende dann auch schon mal einen Reißverschluss, der nicht meine erste Wahl gewesen wäre. Ich verzichte auf aus Folie geplottete Motive, da ich es ambivalent finde, zum Beispiel Bio-Stoff zu vernähen, um anschließend Plastik daraufzubügeln.

WAS IST DEIN LIEBSTES NÄHPROJEKT, DAS MÜLL EINSPART?

Mein liebstes Less-Waste-Nähprojekt sind die Abschminkpads. Jene können komplett aus Resten genäht werden, sparen immerhin ein bisschen Müll und machen obendrein noch Spaß in der Herstellung.

EIGNEN SICH ZERO-WASTE-PROJEKTE ALS GESCHENK?

Definitiv eignen sich Zero- oder Less-Waste-Projekte zum Verschenken. Zum einen handelt es sich ja immer um schöne Dinge, die den meisten eine Freude bereiten. Zum anderen kann ich so auf die wirklich dringende Problematik aufmerksam machen, die noch nicht bei allen in vollem Umfang im Bewusstsein angekommen ist.

Und wenn die Beschenkten das genähte, müllsparende Teil dann tatsächlich verwenden, bewegt sich was im Kopf und anschließend im Handeln. So wird vielleicht weiterer Müll vermieden.

So hat das Verschenken von genähten Einkaufs- und Brötchenbeuteln, Abschminkpads oder Spültüchern für mich eher eine symbolische Bedeutung, die ein doch eher unbequemes Thema auf eine schöne Weise auf den Tisch bringt.

RESTEVERWERTUNG

FAKTEN-CHECK

STOFFREGAL

„Use what you have" beinhaltet in der Nähszene ein Stoffkaufverbot, bis ein bestimmtes Maß an Stoffen abgearbeitet ist.

Nur 6 % der Hobbynäher denken bei **nachhaltigem Stoff** spontan an Upcyclingmaterialien oder Resteverwertung.

Hobbynäher **lagern** durchschnittlich 83 m Stoff – plus jeder Menge kleiner Reste.

Im Durchschnitt werden jährlich aber weniger als 41,6 m Stoff **vernäht**.

NÄHKÄSTCHEN

Kurzwaren sind vor allem kleine Nähgegenstände. Dazu gehören Knöpfe, Garne, Schnallen, Nadeln und Reißverschlüsse.

Nähanfänger horten vor allem **Bänder und Borten**. Nicht alle werden in einem Nähleben vernäht.

Später nutzen erfahrene Hobbynäherinnen vor allem **Reißverschlüsse**, die gezielt eingekauft werden.

Auf Reserve gekaufte Kurzwaren werden nachhaltig, wenn man sie in **spätere Projekte** mit einplant.

PATCHWORK

Patchwork bedeutet wörtlich **„Flickwerk"** und ist eine Technik, bei der sogenannte Patches zu einer größeren Fläche zusammengenäht werden.

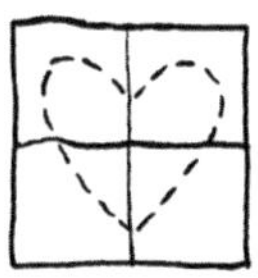

Patchworken ist das Zusammennähen von Stoffen. **Quilten** hingegen ist das Zusammensteppen mehrerer Stofflagen.

Ein Block entsteht durch das **Zusammensetzen von Patches**. Meist ist ein Block quadratisch oder rechteckig.

Es gibt **Patchworktechniken** wie Paper Piecing und **Blockmuster** wie Pinwheel, Log Cabin oder Rail Fence.

USE WHAT YOU HAVE

Wer hat sie nicht? Stoffreste, gut abgelagerte Stoffe und jede Menge Krimskrams sammelt sich bei jeder Hobbynäherin an.

NÄHE MIT DEM, WAS DU SCHON HAST

Das Prinzip „Use what you have" (auch UWYH) eignet sich nicht nur für sämtliches Bastel- und Handarbeitsmaterial, sondern auch für Stoffe im Regal, die bisher keine Bestimmung gefunden haben. Frage dich bei diesen Stoffen immer, warum sie bisher nicht zum Einsatz kamen. Sonst nähst du aus einem gut abgelagerten Stoff eine Schrankleiche.

Denk um die Ecke und plane Bekleidungsstoffe für andere Nähprojekte ein. Einem Einkaufsbeutel steht ein kunterbunt gemusterter Fehlkauf wahrscheinlich viel besser als dir. Und bei einem Taschenfutter wirkt das wildeste Muster plötzlich ganz zahm. Hier lassen sich auch die ungeliebtesten Designs unterbringen.

Da du nach der Lektüre dieses Buches wahrscheinlich nur noch projektbezogen einkaufst, musst du in Zukunft viel weniger Stoffabbau in deine Projekte einplanen.

STOFFRESTE

Wenn du schon länger nähst, hast du sicher schon ein ganzes Sammelsurium an Stoffresten. Bei sämtlichen Stoffresteprojekten kannst du so aus dem Vollen schöpfen und ermöglichst alten Lieblingsstoffen noch mal einen großen Auftritt. Und mit jedem neuen Projekt erhältst du Nachschub in der Resteschublade.

Halte Ordnung bei deinen Resten und sortiere sie nach Stoffart, Farbe oder Größe. Für mich hat es sich bewährt, Jerseyreste und Reste aus Webware gesondert und farblich sortiert aufzubewahren. Besonders große und besonders kleine Reste bekommen ebenfalls einen eigenen Platz.

KURZWAREN

Reißverschlüsse, Knöpfe, Bänder & Co. – vor allem am Anfang kauft man sich recht wahllos Dinge zusammen, die man später gar nicht mehr braucht. Halte auch hier Ordnung und schaue immer erst nach, bevor du Kurzwaren dazukaufst. Manchmal ergeben sich so Möglichkeiten, an die du vorher gar nicht gedacht hast.

RESTEPROJEKTE

Im Grunde genommen lässt sich aus allen Resten noch etwas Neues nähen. Webwarereste eignen sich besonders für sämtliche Patchworkarbeiten, Jerseyreste für Kleidungsstücke mit interessanten Teilungsnähten (Seite 62, 86) und Frotteereste für viele Zero-Waste-Projekte. Aus allen kannst du auch tolle Applikationen machen (Seite 74).

JEDE MENGE NÄHIDEEN
Abschminkpads
Babyfäustlinge
Geschenkband
Haar-Scrunchie
Kirschkern- oder Lavendelkissen
Kuscheltiere und -kissen
Nähgewichte
Patchworkdecke
Schlafmaske
Schlüsselanhänger oder Lanyard
Schnullerband
Stulpen oder Söckchen
Topflappen
Untersetzer oder Mug Rugs
Unterwäsche

Größere Reste reichen vielleicht für eine Babyhose, kleinere nur für eine aufgesetzte Tasche an einem Shirt. Und wenn deine Reste zu klein sind, um sie noch für etwas anderes zu verwenden, kannst du sie als Füllung für ein Kissen oder einen Zugluftstopper nutzen. Übrig gebliebene Stoffstreifen kannst du aneinander nähen und kordeln. So erhältst du wunderschönes Geschenkband.

YOGA-KISSEN

Durch den Kordelzug-Verschluss ist der Bezug waschbar. Und die Füllung besteht aus jeder Menge Stoffresten, die sonst keine Verwendung mehr finden.

MATERIAL

Für das Innenkissen:

→ 2 mittlere Reststücke und 1 langes Reststück aus Webware (z. B. alte Bettwäsche)

→ Etwa 1,5 kg klein geschnittene Stoffreste

Für den Bezug:

→ 3 mittlere Reststücke und 2 lange Reststücke aus fester Webware (z. B. Canvas)

→ 1 m Baumwollkordel oder alte Schnürsenkel

INFO

Falls du dein Yoga-Kissen häufiger mitnehmen möchtest, fülle es mit wesentlich leichterem Dinkelspelz.

ZUSCHNITT

1 cm Nahtzugabe sowie 3 cm Zugabe für den Tunnelzug sind bereits enthalten.

Für das Innenkissen:

→ Yoga-Kissen Kreis: 2× im Bruch (SB 1) oder zwei Kreise mit je 34 cm Ø aus Innenstoff

→ Für das Seitenteil ein Rechteck aus Innenstoff zuschneiden: 102 × 17 cm

Für den Bezug:

→ Yoga-Kissen Kreisdrittel: 3× aus Außenstoff (SB 1)

→ Für das Seitenteil und den Tunnelzug zwei Rechtecke aus Außenstoff zuschneiden: 102 × 17 cm

→ **Optional:** Yoga-Kissen Innenkissenblende: 2× (SB 1) oder zwei Kreise mit je mind. 12 cm Ø aus Außenstoff

ABMESSUNG
etwa
32 cm Ø, 15 cm hoch

SO GEHT'S

1

2

3

4

1. Falte den Streifen des Innenkissens rechts auf rechts. Nähe die kurze Seite nicht komplett zusammen, sondern lasse zum Befüllen eine Öffnung von etwa 10 cm. Markiere anschließend an beiden langen Seiten die Viertel. Wenn du kleinere Stoffreste verwenden willst, kannst du den Streifen natürlich auch aus mehreren Teilen zusammensetzen.
2. Markiere auch auf den Kreis-Schnittteilen die Viertel. Lege den Ring aus Futterstoff rechts auf rechts an den ersten Futterstoff-Kreis. Stecke und nähe ihn gemäß den Markierungen einmal rundherum fest.
3. Stecke jetzt den zweiten Futterstoff-Kreis rechts auf rechts an die andere Seite des Rings. Nähe auch diesen Kreis fest.
4. Wende das Innenkissen und fülle es mit klein geschnittenen Stoffresten. Schließe die Öffnung, wenn die gewünschte Dichte erreicht ist. Am einfachsten geht das mit ein paar Handstichen. Ich empfehle dir einen unsichtbaren Matratzenstich. Du kannst das Yoga-Kissen natürlich auch ohne Bezug nutzen.

5

7

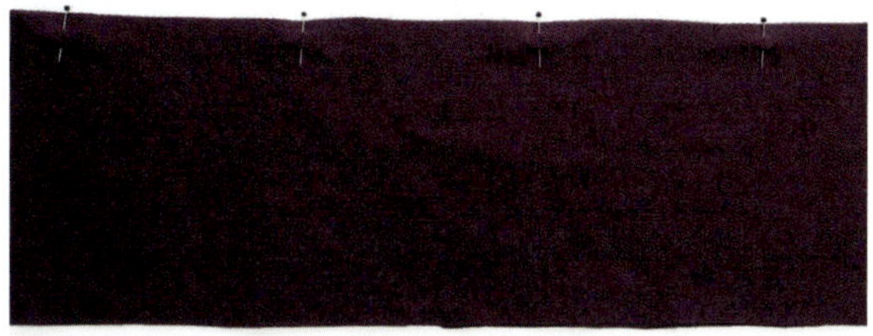

6

8

5. Versäubere alle Schnittteile aus Außenstoff, wenn du den Bezug häufig waschen möchtest. Nähe für die dreigeteilte Oberseite des Bezugs zwei Kreisdrittel rechts auf rechts aufeinander und bügle die Nahtzugaben auseinander. Bei gemusterten Stoffen kannst du direkt einen ganzen Kreis wie beim Innenkissen ausschneiden.
6. Lege jetzt das letzte Kreisdrittel rechts auf rechts auf die Oberseite. Stecke und nähe es an der Spitze fest. Bringe dann die ersten beiden Kanten aufeinander und nähe sie von der Spitze aus aneinander. Wiederhole das auf der anderen Seite und bügle die Nahtzugaben auseinander. Markiere die Viertel auf deinem fertigen Kreis.
7. Lege die beiden Streifen aus Außenstoff rechts auf rechts aufeinander. Stecke und nähe sie an der langen Seite zusammen. Bügle die Nahtzugaben nach oben und steppe sie bei Bedarf knappkantig ab. Du kannst diesen Streifen auch direkt aus einem Stück Stoff (102 × 32 cm) zuschneiden, wenn dein Stoff groß genug ist.
8. Bereite den Tunnelzug am Streifen vor: Bügle die Nahtzugaben an den kurzen Seiten je 1 cm zur linken Seite hin. Bügle anschließend eine lange Kante für den späteren Tunnel 3 cm (2 × 1,5 cm) nach innen. So erhältst du automatisch eine Markierung für den nächsten Schritt.

9

11

10

12

9. Klappe alle Kanten wieder auf und lege die beiden kurzen Seiten rechts auf rechts aufeinander. Stecke und nähe die kurze Seite zusammen und beginne dabei mit deiner Naht am untersten Falz für den Tunnelzug (3 cm von oben).
10. Bügle die Nahtzugaben auseinander und steppe sie über die gesamte Höhe auf beiden Seiten knappkantig ab.
11. Klappe den Tunnelzug wieder doppelt nach innen um und steppe ihn rundherum ab, sodass ein etwa 1 cm breiter Tunnel entsteht.
12. Markiere an der offenen Kante des Rings die Viertel, stecke und nähe ihn rechts auf rechts an den Kreis aus Außenstoff. Wende den Bezug und ziehe ihn über das Futterkissen.

13

15

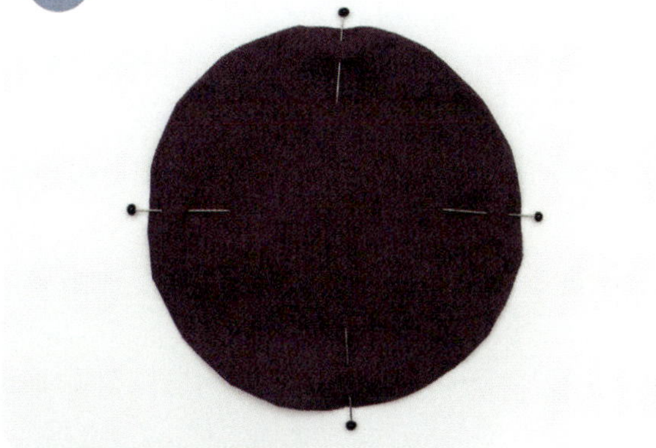

14

16

13. Fädele mit einer Sicherheitsnadel einen alten Schnürsenkel oder ein Band aus deinem Fundus in den Tunnelzug.
14. Ziehe das Band fest, sodass sich der Bezug schön um das Kissen legt. Binde eine Schleife und stecke sie ins Innere des Bezugs. Wenn du auch die Mitte deines Innenkissens vor Staub und Schmutz schützen willst, kannst du optional eine Innenkissen-Blende nähen.
15. Schneide zwei Stoffkreise von mindestens 12 cm aus. Nutze zum Anzeichnen eine Müslischale oder Ähnliches. Lege die beiden Kreise rechts auf rechts aufeinander, nähe sie zusammen und lasse dabei eine Wendeöffnung. Wende den Kreis und forme die Kante aus. Rundherum absteppen und dabei Wendeöffnung schließen.
16. Lockere das Band und lege die Blende in die Mitte deines Kissens unter den Bezug. Nähe die Blende seitlich an einer Stelle mit der Hand an den Bezug an. Nach dem Zuziehen des Bands kannst du Blende und Schleife in den Bezug stecken, sodass dein Innenkissen gut geschützt ist.

DAMEN-PANTY

Die Panty im Hipster-Stil sitzt hüftig und ist auf der Rückseite halb bedeckend. Mit den Teilungsnähten eignet sie sich besonders gut für Jerseyreste.

MATERIAL

- → Kleinere bis mittlere Jerseyreste für Vorder-, Rückteile und Zwickel
- → Längere Jerseyreste für Bund- und Beinabschlüsse
- → **Optional:** 1 m Bio-Gummiband aus Naturkautschuk, 28 mm breit

Wähle für den Zwickel hautfreundliches Material wie Baumwolljersey. Die richtige Größe ist auch abhängig von der Dehnbarkeit deines Materials.

VARIANTE

Ohne Teilung: Schneide das Vorderteil komplett 1× im Bruch zu und starte dann bei Schritt 3.

ZUSCHNITT

Größe 32–44. Rundherum 1 cm Nahtzugabe hinzufügen und alle Markierungen einzeichnen.

- → Panty Vorderteil, Vorderteil 1: 1× im Bruch (SB 1)
- → Panty Vorderteil, Vorderteil 2: 2× gegengleich (SB 1)
- → Panty Vorderteil, Vorderteil 3: 2× gegengleich (SB 1)
- → Panty Rückteil: 2× gegengleich (SB 1)
- → Panty Zwickel: 2× (SB 1)
- → Panty Bundstreifen: 1× im Bruch (SB 1)
- → Panty Beinstreifen: 2× (SB 1)

HINWEIS

Aus farblich passenden Jerseyresten entstehen besonders stimmige Kombinationen. Hier sind drei verschiedene Stoffe zusammengekommen.

1

3

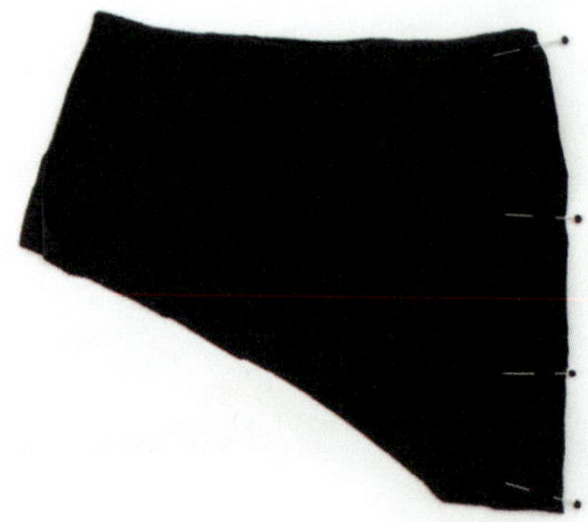

2

4

1. Stecke und nähe das Vorderteil 2 rechts auf rechts gemäß den Markierungen an das Vorderteil 1. Klappe die Nahtzugaben nach hinten und steppe sie bei Bedarf ab. Nähe das zweite Vorderteil 2 an der anderen Seite genauso an.
2. Stecke und nähe jetzt das Vorderteil 3 rechts auf rechts an das gerade zusammengesetzte Vorderteil. Auch hier helfen dir die Markierungen. Klappe die Nahtzugaben nach hinten und steppe sie bei Bedarf ab. Das zweite Vorderteil 3 wird an der anderen Seite genauso angenäht.
3. Für eine bessere Passform besteht das Rückteil aus zwei Teilen. Stecke und nähe beide Rückteile rechts auf rechts aneinander. Die Naht an der hinteren Mitte ist dabei leicht abgerundet. Wenn du dein Rückteil im Bruch zuschneiden willst, musst du dennoch die obere Rundung abnähen.
4. Lege den Zwickel aus Außenstoff mit der rechten Seite nach oben vor dich hin. Die Kante für die hintere Ansatznaht zeigt dabei nach unten. Lege das Rückteil an der hinteren Ansatzkante rechts auf rechts auf den Zwickel.

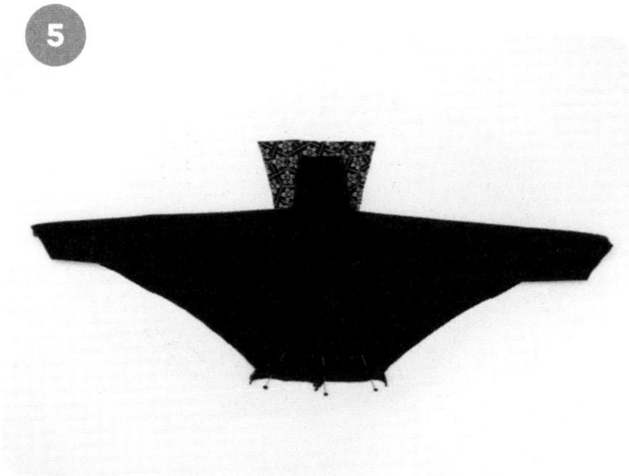

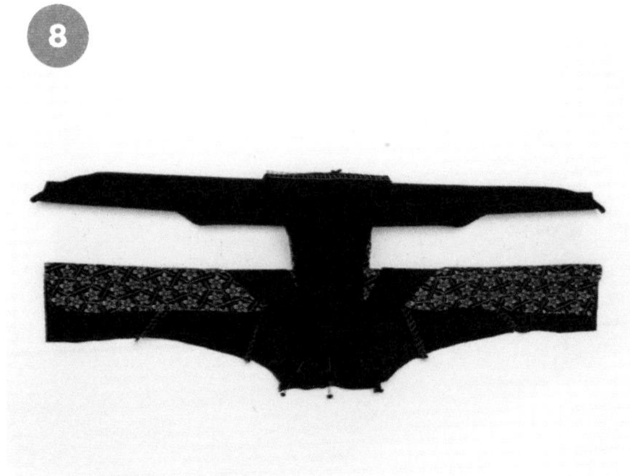

5. Lege den Zwickel aus Innenstoff mit der rechten Seite nach unten ebenfalls an die Ansatzkante. Stecke und nähe die Ansatznaht mit einem elastischen Stich fest. Achte darauf, dass du alle drei Schichten erfasst.
6. Klappe den äußeren Zwickel von der Ansatznaht weg, sodass diese zu sehen ist. Der innere Zwickel bleibt auf der Seite des Rückteils. Lege anschließend das Vorderteil an der vorderen Ansatzkante rechts auf rechts auf den Zwickel aus Außenstoff.
7. Rolle das Rückteil bis zur Naht ein, so dass der innere Zwickel frei liegt. Klappe bei Bedarf auch das Vorderteil etwas ein, um Platz zu schaffen.
8. Stecke den Zwickel aus Innenstoff an der vorderen Ansatzkante (mit der rechten Seite nach unten) auf die beiden Schichten. Nähe die Ansatznaht mit einem elastischen Stich fest und achte auch hier darauf, dass du alle Schichten erfasst. Wende alles seitlich durch den Zwickel.

9

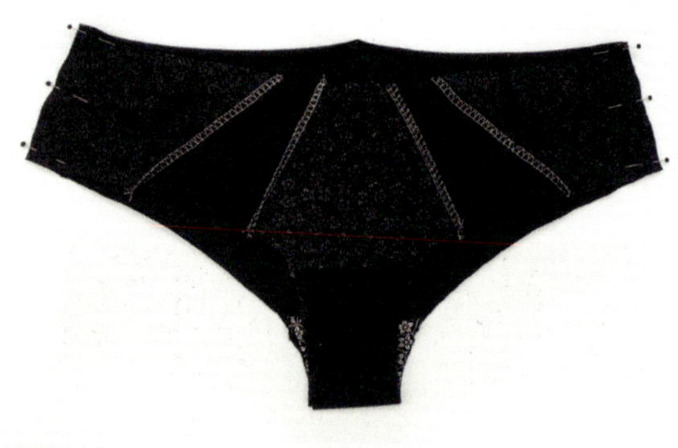

11

10

12

9. Lege Vorder- und Rückteil rechts auf rechts aufeinander. Stecke und nähe die beiden Seitennähte mit einem elastischen Stich fest.
10. Falte den Bundstreifen rechts auf rechts, sodass die beiden kurzen Kanten aufeinander liegen, und nähe diese zusammen. Wenn du später ein Gummiband einziehen möchtest, nähe die kurze Seite nicht komplett zusammen, sondern lass eine Öffnung von knapp 2 cm. Klappe die Nahtzugaben auseinander und falte den Ring in der Höhe zur Hälfte. Beim Shirt auf Seite 86 findest du die Bündchenverarbeitung (ohne Öffnung) in Einzelschritten.
11. Schiebe den Bund in die auf links gewendete Panty und stecke ihn gleichmäßig gedehnt fest. Die optionale Einzugsöffnung zeigt dabei nach außen. Nähe den Bund mit einem elastischen Stich an und dehne nur den Bund. Die Nahtzugabe in die Panty klappen und bei Bedarf mit einem Zickzackstich feststeppen.
12. Ziehe in den Bund bei Bedarf ein Gummiband ein. Die innen liegende Öffnung kannst du anschließend offen lassen oder mit ein paar Handstichen schließen. Bei dieser Verarbeitung kannst du dein Gummiband jederzeit ganz einfach erneuern.

13

14

13. Falte auch die Streifen für den Beinabschluss rechts auf rechts und nähe sie an der kurzen Seite zusammen. Klappe die Nahtzugaben auseinander und falte den Ring jeweils in der Höhe links auf links zur Hälfte.
14. Schiebe den Beinstreifen in die auf links gewendete Panty und stecke ihn ungedehnt fest. Nähe den Beinstreifen mit einem elastischen Stich an. Klappe den Streifen nach außen und die Nahtzugabe in die Panty und steppe sie bei Bedarf mit einem Zickzackstich fest. Arbeite den zweiten Beinabschluss genauso.

INFO

Wie teile ich ein Schnittmuster?
Teilungsnähte eignen sich perfekt für die Resteverwertung. Wenn du einen Schnitt hast, der keine Linien dafür vorgegeben hat, kannst du sie selbst einzeichnen. Das funktioniert sogar mit gebogenen Linien.

Schneide anschließend das abgepauste Papier-Schnittteil an den Linien auseinander. An den Schnittkanten musst du später unbedingt eine Nahtzugabe hinzufügen.

Wenn du aneinandergrenzende Schnittteile jeweils unterteilst, sieht es besser aus, wenn die Teilungslinien genau aufeinandertreffen. Wenn du dagegen beispielsweise nur das Vorderteil teilst, musst du beim Rückteil weder beim Einzeichnen noch beim Nähen darauf achten, dass die Linien exakt ineinanderlaufen.

Achte bei Kleidungsstücken immer darauf, dass die Teilung später an einer vorteilhaften Stelle sitzt. Leite den Blick am besten auf Bereiche, die du akzentuieren möchtest. Das Shirt auf Seite 86 bietet sich für eine Teilungsnaht an. Versuche es mit einer Teilung oberhalb der Brust.

PATCHWORK-PROJEKTBEUTEL

Patchworkarbeiten verwerten auch kleinere Reste und lassen Erinnerungen an alte Projekte wach werden.

MATERIAL

- Größere Reste für Innenbeutel und Patchworkfutter
- Kleinere Reste für Tunnelzug, Henkel und Patchwork
- 2 × 1 m Baumwollkordel oder alte Schnürsenkel

VARIANTE

Wenn du nur Innenbeutel und Tunnelzug zuschneidest, kannst du einen schnellen Zugbeutel nähen: für den Unverpackt-Laden, als wiederverwendbare Geschenkverpackung und für vieles mehr. Ändere einfach die Größe und verzichte bei Bedarf auf die Ecken.

ZUSCHNITT

1 cm Nahtzugabe ist enthalten.

- Für das Patchwork 26 Quadrate (siehe Schritt 1) zuschneiden: 10 × 10 cm
- Für das Futter des Patchworks zwei Rechtecke zuschneiden (abzüglich 8 × 8 cm an den unteren Ecken): 42 × 26 cm
- Für den Innenbeutel zwei Rechtecke zuschneiden (abzüglich 8 × 8 cm an den unteren Ecken): 42 × 34 cm
- Für den Tunnelzug zwei Rechtecke zuschneiden: 41 × 5 cm
- Für die Henkel zwei Rechtecke zuschneiden: 10 × 37 cm

ABMESSUNG

etwa
24 × 24 × 16 cm
(B × H × T)

1

3

2

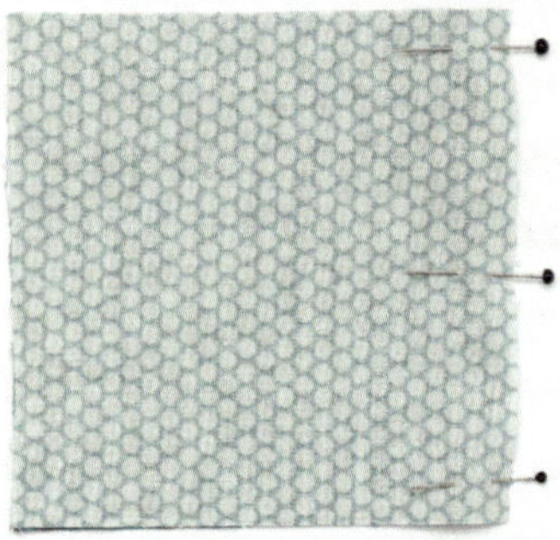

4

1. Schneide 26 Quadrate für das Patchwork zu: 13 aus Stoff A, je 3 aus Stoff B, C und D sowie je 2 aus Stoff E und F. Für ein einfaches Schachbrettmuster kannst du auch je 13 Quadrate aus Stoff A und B verwenden. Wenn du ohne Patchwork arbeiten möchtest, schneide das Schnittteil für das Futter einfach 4× statt 2× zu.
2. Nähe zuerst die einzelnen Patchworkreihen, indem du ein Quadrat nach dem anderen rechts auf rechts an die Reihe annähst. Achte darauf, die Nahtzugabe von 1 cm genau einzuhalten. Bügle die Nahtzugaben der Reihen abwechselnd nach links und nach rechts, damit später alles schön flach liegt.
3. Nähe zuerst die zweite Reihe an die erste Reihe und anschließend die dritte Reihe mittig an die zweite. Achte bei der dritten Reihe darauf, dass Nahtanfang und -ende genau auf den senkrechten Nähten der zweiten Reihe starten und enden. Bügle die Nahtzugaben nach unten. Arbeite das zweite Patchwork genauso.
4. Schneide bei den Schnittteilen für Futter und Innenbeutel an den unteren Ecken jeweils Quadrate von 8 × 8 cm weg, falls noch nicht geschehen. Du kannst hierfür das Patchwork als Schablone nutzen. Wenn du nur einen einfachen Zugbeutel nähen willst, lässt du die Ecken stehen und nähst sie später nicht ab.

5

7

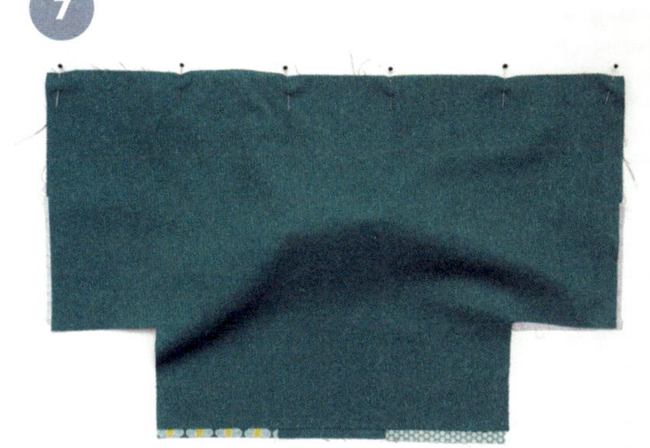

6

8

5. Falte für den Henkel dein Rechteck zuerst der Länge nach zur Hälfte und anschließend die Nahtzugaben 1cm nach innen. Wenn dein Stoff recht dünn ist, schneide das Schnittteil vorher doppellagig zu. Bügle die Kanten am besten glatt. Steppe knappkantig beide Außenkanten ab. Alternativ kannst du auch Gurtbandreste aus deinem Fundus nutzen.
6. Lege den Henkel wie auf dem Bild zu sehen auf die rechte Seite deines Patchworks und hefte ihn innerhalb der Nahtzugabe fest.
7. Lege das Futter rechts auf rechts auf das Patchwork und nähe es an der oberen Kante an. Achte darauf, dass der Henkel sauber innen liegt, und bügle die Nahtzugabe zum Futter hin. Wende das Patchwork, bügle die Faltkante sorgfältig und steppe sie ab. Arbeite den zweiten Henkel und das zweite Patchworkfutter genauso.
8. Lege jetzt die beiden Patchworkteile unten bündig auf die beiden Innenbeutel-Teile. Die rechten Seiten liegen jeweils oben. Hefte alles innerhalb der Nahtzugabe fest. Achte darauf, alle drei Schichten zu erfassen.

9

11

10

12

9. Lege für die eigentliche Tasche die beiden Taschenteile rechts auf rechts zusammen und nähe sie an den Seiten und der Unterkante zusammen. Achte darauf, dass die Patchworkteile passend aufeinandergesteckt werden. Die Nahtzugaben gemeinsam versäubern.

10. Anschließend steckst du die Ecken aufeinander. Beginne mit der Patchworknaht in der Mitte und klappe die Nahtzugaben gegeneinander. Stecke dann auch die Enden zusammen und markiere dir die Patchwork-Eckpunkte auf dem Innenbeutel. Nähe alles sorgfältig zusammen und korrigiere bei Bedarf deine Naht. Versäubere die Nahtzugaben.

11. Falte die Enden der beiden Tunnel-Schnittteile je 1cm nach innen und steppe sie ab. Falte und bügle die Tunnel in der Höhe links auf links zur Hälfte. Stecke die Tunnel rechts auf rechts nicht ganz bündig an die Kante des Innenbeutels und nähe sie fest. Kanten anschließend versäubern. Bügle die Nahtzugabe nach unten und steppe sie ab.

12. Ziehe die erste Kordel mithilfe einer Sicherheitsnadel an der ersten Seite beginnend einmal rundherum durch den Tunnelzug und verknote die Enden. Die zweite Kordel wird an der anderen Seite beginnend durch den Tunnel gezogen und ebenfalls verknotet.

HINWEIS

Für den Gang zum Bäcker eignet sich der Innenbeutel mit einem Zuschnittmaß von 30 × 40 cm (B × H). Der Tunnelzug ist immer 1 cm kürzer als die Breite.

DIY-APPLIKATIONEN

Zum Applizieren eignen sich Jersey- und Webwarereste gleichermaßen. Mit erhabenen Stoffen wie Frottee erzielst du einen 3-D-Effekt. Ein einfaches Shirt lässt sich so liebevoll aufpeppen.

APPLIZIEREN

Beim Applizieren mit Stoffresten hat man eine tolle Auswahl und kann ganz neue Dinge entstehen lassen.

MATERIAL

- → Motiv
- → Stoffreste
- → Haftvlies
- → **Optional:** Stickgarn

SO GEHT'S

1. Übertrage ein Motiv deiner Wahl spiegelverkehrt auf Haftvlies und schneide es grob aus.
2. Lege das Vlies mit der rauen Seite auf die linke Seite des Stoffrests und bügle es auf.
3. Schneide das Motiv exakt aus und ziehe das Trägerpapier ab. Sticke Details mit der Hand auf.
4. Platziere die Applikation mit der beschichteten Seite nach unten auf dein Projekt.
5. Steppe alles knappkantig mit einem Gerad- oder Zickzackstich ab. Der Zickzackstich verhindert das spätere Ausfransen (Webware) oder Einrollen (Jersey).
6. Vergiss nicht, Nahtanfang und -ende zu sichern.

Da Vliesofix aus hauchdünnem Polyamid ist, ist es nicht so super ökologisch. Du kannst aber auch ohne Haftvlies applizieren. Zeichne dann dein Motiv direkt auf den Stoffrest und schneide es grob aus. Hefte alles gut fest, bevor du die Applikation genau entlang der Zeichnung aufsteppst. Schneide zum Schluss den überschüssigen Stoff knappkantig ab.

3 FRAGEN AN

KATHRIN VON NAADISNAA liebt es, zu sehen, wie Naht um Naht etwas entsteht. Sie verwendet auch die letzten Fitzelchen ihrer Lieblingsstoffe. #restenverwertungdeluxe. naadisnaa.ch

WIE SORTIERST DU DEINE STOFFRESTE?

Beim Zuschneiden versuche ich, die Reststücke gleich für weitere Stücke zuzuschneiden – so entstehen weniger bis keine Reste. Ansonsten sortiere ich die Reststücke nach späterem Verwendungszweck: kleine Webwarestücke für Täschchen und so weiter hierhin, andere Stoffstücke, vor allem für kleine Kleidungsstücke, dorthin. Alle Stoffreste werden gefaltet und übersichtlich nach Farben, Motiven etc. in Boxen eingeräumt, so machen sie Freude und laden zum Vernähen ein.

WELCHEN TIPP HAST DU FÜR STOFFKOMBINATIONEN?

Weniger ist mehr: Farben Ton in Ton kombinieren oder dann bewusst einen Kontrast setzen. Gerade wenn ich mit Kontrasten wie unterschiedlichen Farben oder Stoffstrukturen arbeite, versuche ich, diese zu wiederholen, um einen Rahmen zu schaffen, indem ich die Farbe beispielsweise mit einer Applikation, Bündchen, einer Passe oder Knöpfen noch einmal aufnehme.

WAS MACHST DU MIT GANZ KLEINEN RESTEN?

Ganz kleine Reste landen auch hier in einer Kiste, frei zugänglich für die ganze Familie, und dienen als Rohmaterial für kreatives Experimentieren: Tüddelkram, Accessoires (z. B. Jersey-Armbändchen), Bastelarbeiten, Geschenkverpackungen, Spielmaterial … und für alles, bei dem der kreative Prozess wichtiger ist als das Resultat.

SLOW FASHION

FAKTEN-CHECK

FAST FASHION

Am 24. April ist **Fashion Revolution Day**, der mit #WhoMadeMyClothes an die Katastrophe in Bangladesh erinnert.

1127 Menschen starben bei der **Katastrophe** und 2438 wurden verletzt.

Pro Jahr werden weltweit rund 80 Milliarden **Kleidungsstücke** produziert.

Von einem Shirt, das 29 Euro kostet, erhält die **Näherin** 18 Cent.

STILFINDUNG

Es gibt verschiedene **Farbtypen** wie Sommer oder Herbst und **Körperformen** wie Birne oder Apfel.

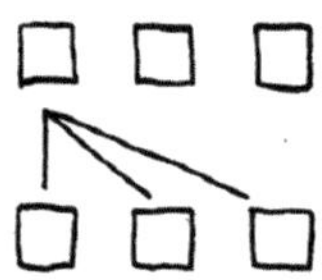

Wenige Kleidungsstücke pro Saison reichen in einer **Capsule Wardrobe** völlig aus.

Mit drei Oberteilen und drei Röcken oder Hosen lassen sich neun verschiedene **Outfits** kombinieren.

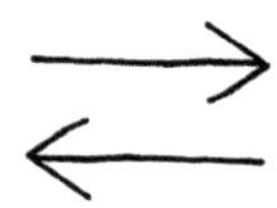

Die goldene **Minimalismus-Regel**: Nie mehr rein als raus.

SLOW SEWING

Hobbynäher haben nicht unbedingt weniger Teile als andere im Schrank, aber wissen über deren **Herkunft** besser Bescheid.

Über 29 % der Zeit wird bei einem Nähprojekt für **Material- und Schnittwahl** verwendet.

Das **Nähen** eines Shirts dauert bei einer Hobbynäherin durchschnittlich gut 1,5 Stunden.

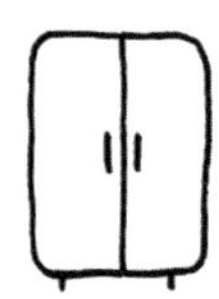

Auch Hobbynäherinnen nähen durchschnittlich jährlich mindestens drei Kleidungsstücke **mehr als nötig**.

FAIRE MODE

Die Modeindustrie suggeriert uns gekonnt, dass wir ständig Neues brauchen. Doch das geht auf Kosten von Mensch und Umwelt. Kaufst du noch oder denkst du schon?

FAST FASHION

Die Modeindustrie ist in den letzten Jahren immer schneller geworden. Ein herkömmliches Modejahr umfasst eine Frühjahr-/Sommer- und eine Herbst-/Winterkollektion – für den Konsumenten völlig ausreichend. Durch Umsatzgier erscheinen im selben Zeitraum bei Billigmarken mittlerweile mehr als zwölf Kollektionen. Die Menschen sollen mehr Kleidung kaufen, als sie brauchen.

Solche Unternehmensstrategien sind schlecht für Mensch und Umwelt. Neben menschenunwürdigen Arbeitsbedingungen und krank machenden Chemikalien kommen so auch Katastrophen wie 2013 in Bangladesh zustande. Und auch der Verbraucher wird mit viel zu vielen Schadstoffen belastet.

DIE LÖSUNG

Als Gegenbewegung ist „Fair Fashion" zum Trend geworden, bei der die faire und ökologisch korrekte Produktion im Vordergrund steht. Die aufwändigere Herstellung zieht einen etwas höheren Verkaufspreis nach sich. Doch verglichen mit Markenprodukten ist der Unterschied gar nicht so gravierend. Man muss allerdings immer aufpassen, dass das Unternehmen kein Greenwashing betreibt.

Auch bei fairer Mode kannst du nach den Labels GOTS und IVN Best (siehe auch Seite 13 und 25) Ausschau halten. Denn manches können oder wollen wir einfach nicht selbst nähen. Hier siehst du die wichtigsten Labels im Bereich „Fair Fashion":

GOTS

Fairtrade Certified Cotton

Bluesign

IVN BEST

OEKO-TEX Made in Green

fair for life

Wer im Sinne von „Slow Fashion" auch noch weniger konsumiert, kann sich Mode ohne Gewissensbisse kaufen – und auch leisten. Ein maßvoller Konsum bereichert deinen Kleiderschrank sogar. Beim Prinzip der „Capsule Wardrobe" (Seite 82) wird vor allem auf Kombinationsfreudigkeit Wert gelegt, was viele Stücke einfach unnötig macht.

Noch nachhaltiger sind natürlich Secondhand-Läden oder Kleidertauschpartys. Informiere dich, welche Möglichkeiten es bei dir in der Nähe gibt.

SLOW SEWING

Als Hobbynäher haben wir die Möglichkeit, benötigte Kleidungsstücke ganz nach unseren individuellen Vorstellungen und nachhaltigen Aspekten selbst zu planen. Das entspricht grundsätzlich dem Slow-Fashion-Prinzip. Natürlich sollte auch hier nicht im Vordergrund stehen, ein schnelles Shirt nach dem anderen zu produzieren, sondern achtsam und mit Bedacht zu nähen (Maßvoll nähen, Seite 28).

Die größte Herausforderung beim Nähen der eigenen Kleidung besteht darin, Stücke zu nähen, die gut sitzen, zeitlos sind und wirklich zu uns passen. Hier lohnt es sich, Projekte in Ruhe zu planen, um echte Lieblingsstücke herzustellen. Auf der nächsten Seite findest du mehr Tipps dazu.

JEDE MENGE NÄHIDEEN

Im Grunde genommen kann man fast alle Kleidungsstücke selber nähen. Shirt, Rock und Accessoires sind sicher die Projekte, die am häufigsten genäht werden. Viele von uns nähen auch Kleider, Pullis und Blusen.

Die Königsdisziplin sind dann Hosen und Jacken, an die sich Nähanfänger selten herantrauen. Aber mit einer guten Anleitung lässt sich auch das meistern. Solche Projekte dauern vielleicht länger als andere, aber beim Slow Sewing geht es bekanntermaßen nicht um Schnelligkeit.

Übrigens, auch Unterwäsche, Socken und Bademode kannst du selbst nähen. Nur bei Schuhen kommt man beim Selbermachen an seine Grenzen. Achte bei Kleidungsstücken, die du nicht selbst nähst, darauf, öko-faire Produkte zu kaufen.

„Wie ist doch die Welt voll von Dingen, derer ich nicht bedarf."

Sokrates

GUTER STIL

Um Frust vor dem Kleiderschrank zu vermeiden, musst du herausfinden, was dir steht. Mit einer guten Portion Minimalismus kann jede Garderobe nachhaltig werden.

STILFINDUNG

Deine Kleidungswahl sollte sich nie einem Modediktat unterwerfen. Viel wichtiger ist dein persönlicher Stil, der sowohl deinen Typ als auch deine Figur positiv unterstreicht. Meistens zeigen dir die Lieblingsstücke in deinem Schrank, was besonders gut zu dir passt.

> „BEI MODE GEHT ES DARUM, SACHEN ZU TRAGEN, DIE EINEM STEHEN."
>
> *Vivienne Westwood*

Analysiere deine Kleidungsstücke nach Farben, Muster und Schnittführung. Gibt es Farbwelten, die sich wiederholen? Welche Schnitte unterstreichen deine Vorzüge besonders? Und warum magst du manche Teile gar nicht an dir? Notiere dir alle Punkte, die dir auffallen. So kannst du beim Planen deines nächsten Projekts überprüfen, ob es das Zeug zum Lieblingsteil hat.

Dazu gehören vor allem bei Selbstgenähtem eine gute Portion Vorstellungskraft und auch ein wenig Erfahrung. Wenn dir das schwerfällt, wünsche dir zum nächsten Geburtstag eine Stilberatung. Dort erfährst du mehr über deinen Farb- und Figurtyp und wie du dich vorteilhaft kleidest. Weiterführende Infos zum Thema findest du hier: modefluesterin.de/blog

Beachte auch immer, ob du dich zu Hause, unterwegs und für die Arbeit unterschiedlich kleidest. Wenn du deinen Modestil gefunden hast, lässt er sich häufig auf alle Lebensbereiche übertragen.

HINWEIS

Wähle wenige Basisfarben und anfangs nur eine Akzentfarbe.

3 FRAGEN AN

STEFFI VON FABELWALD erstellt Schnittmuster für unaufgeregte, aber detailverliebte Projekte. Die Autorin mehrerer Bücher liebt den Wald und hat Freude am Selbermachen. fabelwald.at

WAS IST DIR BEIM NÄHEN VON KLEIDUNG BESONDERS WICHTIG?

Ich bemühe mich, nur solche Kleidungsstücke zu nähen, die auch wirklich gebraucht und dann gerne und oft getragen werden. Das bedeutet, mir ausreichend Zeit für Stoff- und Schnittauswahl und auch für eventuelle Anpassungen am Schnittmuster zu nehmen. Wenn nicht alles stimmig ist, verschiebe oder verwerfe ich das Projekt lieber.

WELCHE TIPPS HAST DU FÜR LANGLEBIGE UND ZEITLOSE PROJEKTE?

Hochwertiges Material zahlt sich immer aus. Außerdem finde ich es wichtig, vor dem Nähen ehrlich darüber nachzudenken, ob das Kleidungsstück auch zu mir und meinem Alltag passt. Wichtiger als Modetrends ist persönlicher Stil – es ist sehr hilfreich, zu wissen, in welchen Farben, Mustern und Silhouetten ich mich wirklich wohlfühle.

WIE BEREICHERT SLOW SEWING DEIN NÄHEN?

Wer viel Zeit, Nachdenken, Sorgfalt und Liebe in das Nähen investiert, wird die selbstgemachte Kleidung auch mehr wertschätzen und nicht gleich durch ein neues, beliebiges Stück ersetzen wollen. Außerdem ist es einfach ein gutes Gefühl, wirklich gemochte, durchdachte und individuelle Kleidungsstücke zu tragen.

CLEVER KOMBINIEREN

Wer darauf achtet, dass seine Lieblingsteile miteinander kombinierbar sind, ist auf dem besten Weg zu einer vernetzten Garderobe.

CAPSULE WARDROBE

Wörtlich übersetzt bedeutet der Begriff „Kapsel-Kleiderschrank". Gemeint ist damit das Konzept einer gut kombinierbaren, saisonalen Garderobe, die aus einer bestimmten Anzahl an zeitlosen Klassikern und modischen Einzelteilen besteht.

Als Erfinderin gilt die britische Boutiquebesitzerin Susie Faux. Bekannt wurde die Idee 1985 durch eine Kollektion der Designerin Donna Karen, die sieben miteinander kombinierbare Kleidungsstücke enthielt.

Aus wie vielen Kleidungsstücken, Handtaschen und Schuhen eine Capsule Wardrobe besteht, ist ganz individuell. Lediglich Unterwäsche und Schmuckaccessoires werden nicht dazugerechnet.

Beim „Project 333" der Amerikanerin Courtney Carver werden beispielsweise 33 Teile im Zeitraum von drei Monaten getragen. Es gibt aber auch Minimalisten, die mit weitaus weniger Stücken zurechtkommen.

Das ist gar nicht so schwer, wenn fast jedes Teil zum anderen passt. Wer clever kombiniert und unterschiedliche Accessoires nutzt, hat nie das Gefühl, immer das Gleiche zu tragen. Und selbst wenn – es sind immer Lieblingsstücke.

Eine Capsule Wardrobe spart einerseits Zeit und Geld, weil weniger gekauft werden muss, andererseits bringt sie mehr Gelassenheit bei der täglichen Kleiderwahl. Diese Art von Minimalismus hilft nicht nur gegen überfüllte Kleiderschränke und Shoppingwahn, sondern ist zusätzlich auch umweltfreundlich.

FRAGE

Was ist deine Challenge?

5 EINFACHE SCHRITTE ZU DEINER CAPSULE WARDROBE

1. **Sortiere alle Kleidungsstücke aus, die dich nicht glücklich machen.**
2. **Probiere unterschiedliche – auch ungewöhnliche – Kombinationen aus.**
3. **Räume die geplante Anzahl für die aktuelle Saison wieder in den Schrank und fange einfach an.**
4. **Notiere dir im Verlauf, was fehlt, und schreibe es für später auf eine Wunschliste. Prüfe aber vor dem Einkaufen, ob sich nicht doch bei den weggeräumten Teilen etwas Passendes findet.**
5. **Ergänze deine Garderobe gezielt mit nachhaltig produzierten Stücken.**

Wichtig ist, dass du alle aussortierten Teile wirklich weitergibst – beispielsweise an ein Sozialkaufhaus –, und Stücke, die du gerade nicht nutzt, wegräumst, damit du gar nicht erst auf die Idee kommst, sie aus dem Schrank zu ziehen. In der kommenden Saison lassen sich natürlich auch dieselben Teile wieder einplanen, sodass du insgesamt auf eine überschaubare Anzahl von Kleidungsstücken kommst.

10 ITEM WARDROBE

Bei dieser Methode wählst du zehn deiner Lieblingsstücke. Wenn alle Teile deinem Farbtyp entsprechen, lassen sie sich meist schon ganz gut kombinieren. Dazu wählst du Basics wie Strumpfhosen, als Farbtupfer einige Accessoires, aber auch Jacken und Schuhe, mit denen du stimmige Outfits umsetzen kannst.

Wenn du dich mehr über eine clever kombinierte Garderobe informieren möchtest, findest du auf Seite 124 einen Buchtipp.

DIE RICHTIGE GRÖSSE

Nur ein passendes Kleidungsstück kann nachhaltig sein. Sorge dafür, dass dein aufwendig genähtes Projekt kein Teil für die Tonne wird.

GRÖSSENAUSWAHL

Ermittle die wichtigsten Körpermaße, um die passende Größe herauszufinden. Am einfachsten geht das, wenn dir jemand dabei hilft. Trage beim Messen Unterwäsche und einen passenden BH. Achte darauf, dass das Maßband vorn und hinten auf derselben Höhe liegt und locker anliegt. Der Hüftumfang wird übrigens am stärksten Punkt deines Gesäßes gemessen.

Wähle bei Oberteilen nach dem Brustmaß. Röcke und Hosen wählst du nach deinem Hüftmaß. Vor allem bei Projekten aus Webware musst du darauf achten, dass du keinesfalls eine zu kleine Größe wählst.

Apropos Material: Halte dich unbedingt an die Materialempfehlung eines Schnitts, da das Material den richtigen Fall und auch die Passform beeinflusst.

KÖRPERMASSTABELLE							
	32	34	36	38	40	42	44
KÖRPERLÄNGE	168cm	168cm	168cm	168cm	168cm	168cm	168cm
BRUSTUMFANG	76cm	80cm	84cm	88cm	92cm	96cm	100cm
TAILLENUMFANG	62cm	65cm	68cm	72cm	76cm	80cm	84cm
HÜFTUMFANG	86cm	90cm	94cm	97cm	100cm	103cm	106cm

SCHNITTMUSTER ANPASSEN

Wenn deine Maße innerhalb der Tabelle voneinander abweichen, kannst du die Schnitte leicht anpassen. Nähe am besten ein Probeteil und bedenke, dass sich dein Stoffverbrauch ebenfalls ändert.

LÄNGENKORREKTUREN

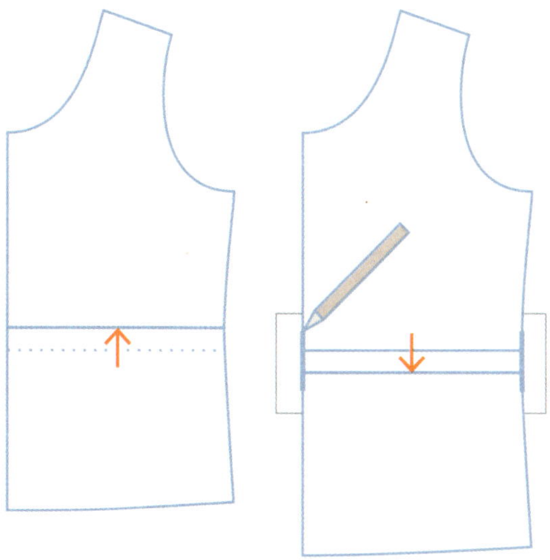

Kürze oder verlängere Schnittteile auf Taillenhöhe oder auf Höhe des Oberschenkels und zeichne sie optimiert nach. Bei einem Kleid musst du eventuell auch die Rocklänge ändern. Denke auch immer daran, das Rückteil genauso anzupassen.

Die Längenanpassung bei einem Ärmel funktioniert übrigens genauso. Hier wählst du einfach die Ellbogenhöhe als Änderungslinie.

WEITENKORREKTUREN

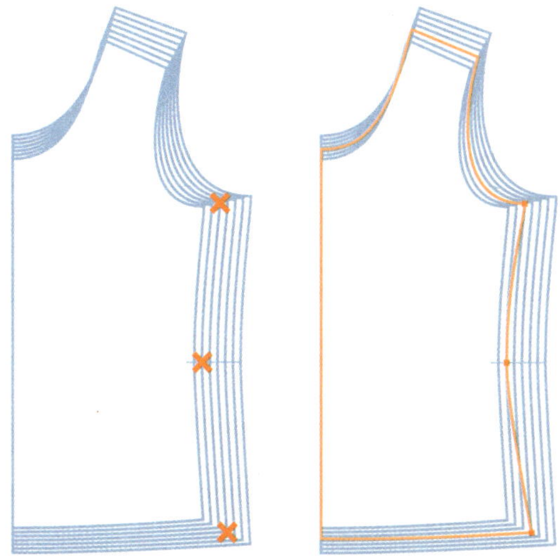

Bei einer Weitenänderung eignen sich Mehrgrößenschnitte besonders gut. Markiere dir jeweils die passende Größe auf Brust-, Taillen- und Hüfthöhe und zeichne sie als harmonisch verlaufende Linie nach. Am besten funktioniert das, wenn du nicht mehr als eine Größe verändern musst. Den Ärmel wählst du immer nach der im Brustbereich verwendeten Größe.

Wenn dein Brustmaß als einziges stark nach oben differiert, kann es sein, dass eine Anpassung für die große Brust (oder auch Full Bust Adjustment/FBA) benötigt wird. Im Internet findest du problemlos viele Anleitungen dazu.

KIMONO-SHIRT

Ein Shirt mit angeschnittenen Ärmeln ist Basicteil und Stoffsparwunder zugleich. Wenn du mit Material, DIY-Applikationen und Teilungsnähten spielst, wirkt dein Shirt immer wieder anders.

MATERIAL

- → 0,8 m Soft-Touch-Jersey aus 100 % Bio-Baumwolle oder aussortiertes Spannbettlaken (mindestens 1,4 m breit)
- → Bio-Nähgarn aus Baumwolle

ZUSCHNITT

Größe 32–44. Rundherum 1 cm Nahtzugabe hinzufügen, am Saum 3 cm Saumzugabe.

- → Shirt Vorderteil: 1× im Bruch (SB 2)
- → Shirt Rückteil: 2× gegengleich (SB 2)
- → Shirt Ausschnittstreifen: 1× im Bruch (SB 2)

VARIANTE

Alternatives Material: Mit Jersey aus Tencel™ erzielst du einen eher eleganteren Look. Mit Leinenjersey wird es sommerlich lässig.

SO GEHT'S

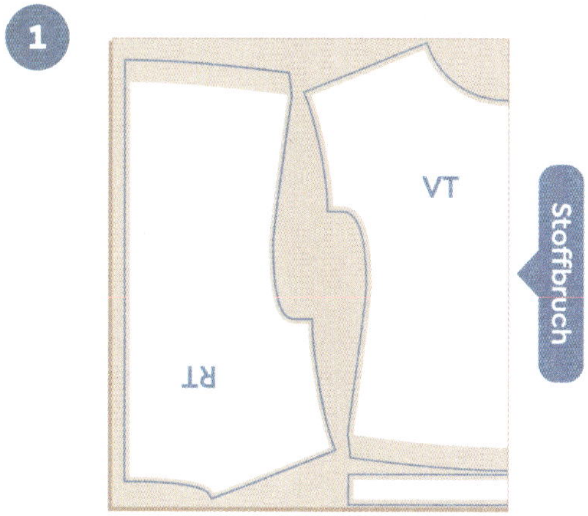

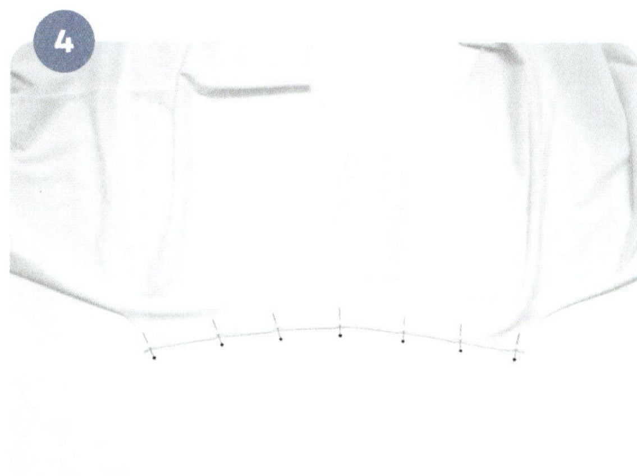

1. Mit diesem Zuschneideplan sparst du Stoff. In kleineren Größen kann es sein, dass du deine Schnittteile manchmal noch optimierter auflegen kannst. Wenn du Teilungsnähte (siehe Seite 67) einzeichnest, musst du deinen optimalen Plan selbst austüfteln. Wie das genau funktioniert, findest du auf Seite 37.
2. Stecke beide Rückteile rechts auf rechts aufeinander und nähe die beiden Teile an der hinteren Mitte mit einem elastischen Stich zusammen. Bügle die Nahtzugaben zur Seite und steppe sie bei Bedarf ab.
3. Lege das Vorderteil rechts auf rechts auf das Rückteil. Stecke die beiden Schnittteile an den Schultern zusammen. Nähe beide Teile mit einem elastischen Stich zusammen und bügle die Nahtzugaben zum Rückteil hin. Steppe sie bei Bedarf ab.
4. Damit es später nicht so kniffelig wird, kannst du jetzt schon die Ärmel säumen. Dazu wird einfach die Nahtzugabe von 1 cm nach innen gebügelt und knappkantig abgesteppt. Am besten eignet sich ein Zickzackstich oder eine Naht mit der Zwillingsnadel. Achte darauf, dass du die Schnittkante auf der Innenseite mit deiner Naht erfasst.

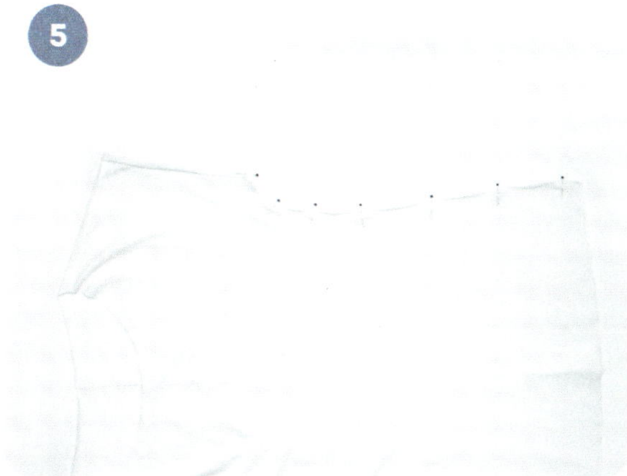

5. Falte das Shirt rechts auf rechts, um die Seitennähte zu schließen. Stecke die Kanten gemäß den Markierungen fest und nähe sie auf beiden Seiten zusammen. Bügle die Nahtzugaben zum Rückteil hin und fixiere sie am Ärmelsaum mit ein bis zwei Stichen per Hand.
6. Falte das Halsbündchen parallel zum Fadenlauf rechts auf rechts und stecke es an der kurzen Seite zusammen. Schließe das Bündchen zum Ring und bügle die Nahtzugaben auseinander, sodass alles schön flach liegt. Falte anschließend den Ring in der Höhe links auf links zur Hälfte.
7. Schiebe das Halsbündchen mit der offenen Kante nach oben in das auf links gewendete Shirt. Die Naht des Bündchens trifft dabei auf die Schulternaht oder die hintere Mitte. Stecke das Bündchen fest und nähe es mit einem elastischen Stich leicht gedehnt an. Am besten liegt das Bündchen beim Nähen oben. Dehne nur den Bündchenstreifen und nicht den Hauptstoff.
8. Schlage die Saumkante um deine Saumzugabe ein. Bügle den Saum und steppe ihn von rechts mit einem elastischen Stich ab. Am besten bügelst du am Ende erneut über den Saum.

ROCK MIT KNOPFLEISTE

Dieser schmale Rock ist durch einen cleveren Zuschnitt besonders stoffsparend. Die Knopflöcher werden ganz stressfrei noch vor dem Annähen der Knopfleiste gearbeitet.

MATERIAL

- → 0,8 m uni Bio-Soft-Twill aus 100 % Baumwolle oder aussortierte Bettwäsche (mindestens 1,4 m breit)
- → Bügeleinlage oder feiner Stoff zum Verstärken
- → 6 Bio-Knöpfe aus pflanzengefärbter Steinnuss, 20 mm Ø, oder 6 Knöpfe aus dem Fundus
- → Bio-Nähgarn aus Baumwolle
- → Knopflochfuß

INFO

Wenn du deinen Stoff ohne Einlage verstärken möchtest, kannst du feinen Stoff wie Baumwollvoile innerhalb der Nahtzugabe aufsteppen.

ZUSCHNITT

Größe 32–44. Rundherum 1 cm Nahtzugabe hinzufügen, am Taschensaum stattdessen 2 cm und am Rocksaum 3 cm Saumzugabe. Markierungen einzeichnen.

- → Rock Vorderteil: 2× gegengleich (SB 2)
- → Rock Rückteil: 1× im Bruch (SB 2)
- → Rock Bund: 2× (SB 2), gegebenenfalls verstärken
- → Rock Knopfleiste: 2× (SB 1), gegebenenfalls verstärken
- → Rock Tasche: 2× (SB 1)

Gehe bei der Größenwahl von deiner Taille aus. Wenn dein Hüftmaß größer als angegeben ist, solltest du an den Seiten der Rockteile etwas Weite hinzugeben und stattdessen weniger einkräuseln.

1

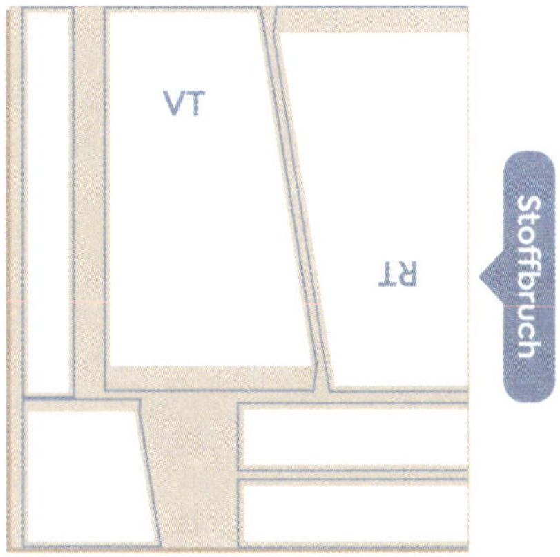

3

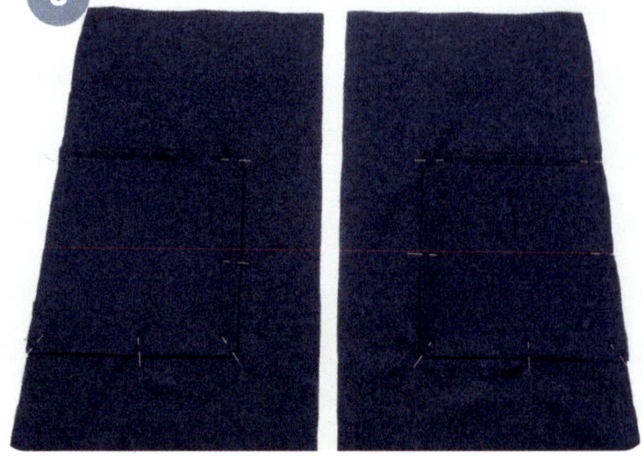

2

4

1. Mit diesem Zuschneideplan sparst du Stoff. In kleineren Größen kann es sein, dass du deine Schnittteile noch optimierter auflegen kannst.
2. Bereite die Taschen vor: Bügle die Nahtzugabe an der Unterkante und der vertikalen Kante zur linken Seite hin. Falte die Oberkante für einen doppelten Umschlagsaum erst 0,5 cm zur linken Seite hin, dann 1,5 cm. Bügle alles glatt und nähe den Saum mit einem Geradstich fest.
3. Platziere die Taschen gemäß den Markierungen auf die beiden Vorderteile. Stecke sie fest und steppe sie an der unteren und vertikalen Kante auf. Nähe beim Tascheneingriff seitlich jeweils einen engen Zickzackstich als Sicherungsnaht. Versäubere dann die Seitenkanten der Rockteile (auch die des Rückteils). Dabei fixierst du automatisch die Taschen an der Seitenkante.
4. Stecke die Vorderteile an den Seitenkanten rechts auf rechts auf das Rückteil und nähe sie mit einem Geradstich fest. Bügle die Nahtzugabe nach hinten und steppe sie von außen knappkantig ab. So wird der Tascheneingriff erneut gesichert.

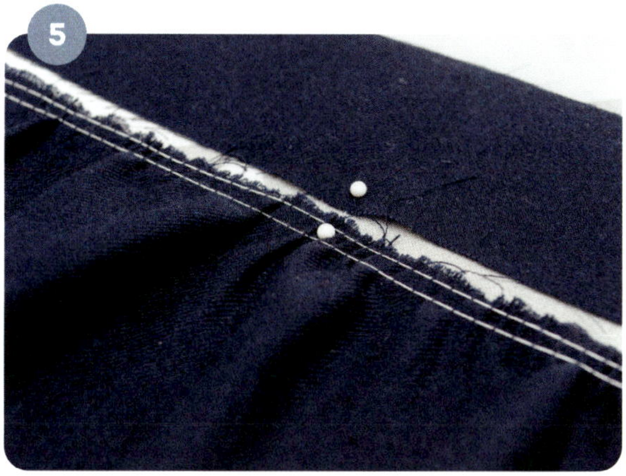

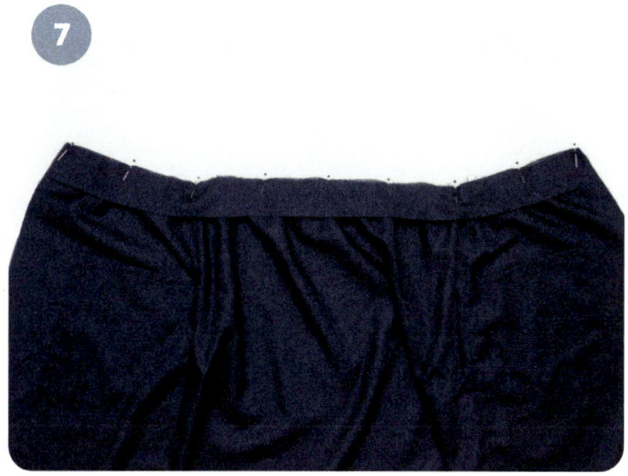

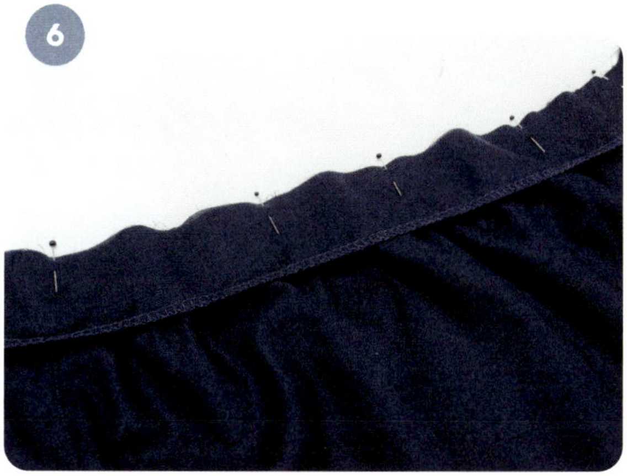

5. Nähe zum Einkräuseln des Rockteils entlang seiner Oberkante im Abstand von etwa 3 und 6 mm zwei Nähte mit langem Geradstich ohne Verriegelung. Nähe dabei füßchenbreit und verändere je nach Bedarf die Nadelposition. Ziehe gleichmäßig an den Oberfäden, bis die geraffte Bundkante der Länge des Bund-Schnittteils entspricht. Orientiere dich auch an den Markierungen für Seitennähte und hintere Mitte.
6. Stecke den (äußeren) Bund gemäß den Markierungen rechts auf rechts an den Rock und nähe ihn fest. Dabei liegt die gekräuselte Seite am besten oben. Entferne bei Bedarf die Kräuselfäden und bügle die Nahtzugabe nach oben.
7. Versäubere die Unterkante des Bundbelegs (innerer Bund) und stecke ihn rechts auf rechts an den äußeren Bund. Nähe ihn mit einem Geradstich an und bügle die Nahtzugabe in Richtung Bundbeleg. Steppe die Nahtzugabe für eine professionellere Verarbeitung ab. Diese Untersteppnaht sieht man später nicht.
8. Klappe den Bundbeleg nach innen und bügle die Bundkante glatt. Fixiere den Bundbeleg im Nahtschatten der Bundansatznaht von außen mit einem Geradstich am Rock. Du kannst die Nahtzugabe des Bundbelegs für eine sauberere Optik auch vorher nach innen klappen. Arbeite dann besonders genau.

9

11

10

12

9. Säume den Rock: Schlage die untere Kante 1 cm zur linken Seite hin und bügle die Faltkante. Schlage anschließend den Rest der Saumzugabe um und bügle erneut. Die Schnittkante liegt nun innen versteckt. Nähe den Saum mit einem Geradstich fest und achte darauf, dass du die Stoffkante überall erfasst.
10. Miss die Länge deines Rocks an der vorderen Mitte. Falte die erste Knopfleiste rechts auf rechts längs zur Hälfte. Steppe die kurzen Enden ab, sodass die Knopfleiste deiner gemessenen Rocklänge entspricht. Schneide die Nahtzugabe auf 3 mm zurück. Wende die Knopfleiste und bügle sie glatt.
11. Nähe die sechs vertikalen Knopflöcher mit einem Knopflochfuß auf die Knopfleiste. Schau im Handbuch nach, wie das bei deiner Nähmaschine funktioniert, und nähe vorher ein Probeknopfloch. Sichere die Querriegel mit Stecknadeln und öffne die Knopflöcher mit einem Nahttrenner oder einer kleinen, spitzen Schere.
12. Stecke und nähe die Knopfleiste rechts auf rechts an das rechte Vorderteil und versäubere die Nahtzugaben gemeinsam. Bügle die Nahtzugaben zum Rockteil hin und steppe sie von außen knappkantig fest. Arbeite die zweite Knopfleiste genauso und nähe sie ans linke Vorderteil. Nähe hier die Knöpfe an.

STOFFSPARTIPP

Wenn du für die Taschen, Bund und Knopfleisten einen anderen, farblich passenden Stoff verwendest, kannst du den Zuschneideplan weiter optimieren. Wie du deinen individuellen Plan entwickelst, findest du auf Seite 37.

Wenn der Stoff für Bund und Knopfleiste eine etwas robustere Qualität hat, kannst du dir sogar das Verstärken sparen.

In Ausnahmefällen kannst du Schnittteile quer zum Fadenlauf zuschneiden. Die minimale Dehnbarkeit, die Webware in der Breite hat, geht dabei aber verloren. Nutze das also nur für Schnittteile, die keine Dehnbarkeit benötigen. Vielleicht kommt so noch mal ein schöner Stoffrest zum Einsatz.

Achtung! Bei Musterstoffen – vor allem solchen mit einer Richtung – ist der Stoffspareffekt dieses Rocks leider hinfällig.

LANGLEBIGE KLEIDUNG

Mit der richtigen Pflege hast du lange Freude an deinen Kleidungsstücken. Notiere dir beim Stoffkauf unbedingt die Pflegehinweise.

KLEIDUNG PFLEGEN

Nicht jedes Kleidungsstück muss nach einmaliger Benutzung gewaschen werden. So lassen sich einige Waschmaschinenladungen im Jahr einsparen, und das Kleidungsstück wird geschont.

Es ist für Textilien grundsätzlich schonender, wenn sie auf links gedreht gewaschen werden. Vor dem Waschen sollten alle Reißverschlüsse geschlossen werden. Wasche im Zweifel bei niedrigen Temperaturen und gib die Textilien nicht in den Trockner.

Wasche vor allem am Anfang helle und dunkle Textilien separat. Bleichmittel und Entfärber sind für farbige Textilien tabu – und meistens nicht besonders umweltfreundlich.

Feine Textilien wäscht man am besten in einem Wäschenetz. Textilien mit Polyesteranteil sollten in einem speziellen Waschsack gewaschen werden, der verhindert, dass Mikroplastik an die Umwelt abgegeben wird.

UMWELTFREUNDLICH WASCHEN

Wer wäscht, nimmt alleine durch Strom- und Wasserverbrauch eine gewisse Umweltbelastung in Kauf. Durch ein optimiertes Waschverhalten kann man diese Belastung minimieren und Textilien schonen.

→ **Verwende Ökostrom.**
→ **Belade die Waschmaschine immer voll.**
→ **Dosiere entsprechend des Verschmutzungsgrads und der Wasserhärte.**
→ **Nutze Waschmittel-Baukastensysteme.**
→ **Vermeide Flüssigwaschmittel und Weichspüler.**
→ **Verzichte auf eine Vorwäsche.**
→ **Wasche mit 30 °C oder 40 °C statt mit 60 °C.**
→ **Nutze Eco-Programme.**
→ **Wasche nicht häufiger als nötig.**
→ **Lass Wäsche auf der Leine trocknen.**

Zur Vermeidung von Keimen in der Waschmaschine sollte monatlich einmal bei 60 °C gewaschen werden.

KASTANIEN-WASCHMITTEL

Neben vielen anderen DIY-Rezepten bietet sich vor allem im Herbst das Waschen mit selbst gesammelten Kastanien an.

DIY-WASCHMITTEL

Die heimischen Rosskastanien enthalten – genau wie indische Waschnüsse – Saponine, sind schonend zur Wäsche und sogar verpackungsfrei.

MATERIAL

- 6 Rosskastanien
- 250 ml Wasser
- Zeit
- **Optional:** 2 TL Waschsoda
- **Optional:** 2 TL Sauerstoffbleiche

SO GEHT'S

1. Viertle die Kastanien. Am besten funktioniert das mit frischen Kastanien oder mithilfe der Gartenschere.
2. Gib die Kastanienstücke in ein Glas und fülle es mit Wasser.
3. Weiche die Kastanien ein paar Stunden ein. Wenn du vom Teekochen noch heißes Wasser übrig hast, geht das Einweichen schneller.
4. Gieße den Sud ohne die Kastanienstücke ins Waschmittelfach der Waschmaschine.
5. Als Waschverstärker und Wasserenthärter kannst du etwas Waschsoda hinzugeben.
6. Für weiße Wäsche benötigst du etwas Sauerstoffbleiche, damit die Wäsche nicht vergraut.

Übrigens, auch echtes Seifenkraut und Efeu enthalten Saponine. Ernte Efeu am besten nur mit Handschuhen, da es zu Hautirritationen führen kann. Hier findest du noch mehr Rezepte für DIY-Waschmittel: smarticular.net

UPCYCLING

FAKTEN-CHECK

ALTKLEIDER

Jeder Deutsche kauft im Schnitt 60 **neue Kleidungsstücke** im Jahr.

975 Millionen Kleidungsstücke werden in Deutschland **fast nie** getragen.

Jährlich werden in Deutschland 62.000 Lkw-Ladungen an **Altkleidern** abgegeben.

Das jährliche **Sammelaufkommen** hat sich seit Mitte der 90er-Jahre um mehr als 20 % erhöht – Tendenz steigend.

ZWEITES LEBEN

Je nach Region sind 40 bis 55 % der Altkleider so gut erhalten, dass sie ohne Reparatur sofort **wieder getragen** werden können.

Bis zu 8 % der Altkleider gehen in europäische **Secondhand-Läden**, 30 % nach **Afrika**, was die örtliche Textilindustrie zerstört.

17 % der Alttextilien werden zu **Putzlappen** downgecycelt und nur 22 % zu **Reißspinnstoffen** verarbeitet.

Dennoch landen zu viele Alttextilien in **Müllverbrennungsanlagen**.

WIEDERVERWERTUNG

Beim **Recycling** wird Müll wieder gleichwertig aufbereitet, beim **Downcycling** kann die Qualität nicht erhalten werden, und beim **Upcycling** entsteht ein höherwertiges Produkt.

Europa recycelt Werkstoffe im Durchschnitt nur zu 25 %, organische Materialien zu 14 %.

Typische Downcyclingprodukte sind **Toilettenpapier und Putzlappen**.

Upcyclingprojekte verbrauchen **weniger Ressourcen und Energie** und verursachen weniger CO_2 als neue Produkte.

AUS ALT MACH NEU

Upcycling und Refashion sind Sonderformen des Recyclings. Das Material wird nicht dem Kreislauf zugeführt, sondern kreativ verwertet.

UPCYCLING ODER RECYCLING?

Upcycling liegt seit einiger Zeit voll im Trend. Aus Müll wird etwas anderes geschaffen und ist in vielen Fällen nachhaltig. Wichtig bei sämtlichen Upcyclingprojekten ist immer die Frage: Was ist die beste Lösung für dieses Projekt?

Alles, was gut recycelt werden kann, sollte besser in den Kreislauf zurückgeführt werden. Denn das aufwendig gebastelte Projekt ist nach seiner Nutzungsdauer häufig Müll, der nicht mehr verwertet werden kann.

Auch wenn keine neuen Rohstoffe für Upcyclingprojekte benötigt werden, sollten Dinge so lange wie möglich erhalten werden und dann mit Bedacht weiterverwertet werden.

KLEIDUNG ERHALTEN

Bei Kleidungsstücken gibt es die vielfältigsten Möglichkeiten zum Upcycling. Kleidung, die nicht mehr gefällt, sollte allerdings besser in Secondhand-Läden oder in ein Sozialkaufhaus gegeben werden. Vielleicht finden in deiner Nähe auch Kleidertauschpartys statt.

Wenn deine Hose löchrig ist, solltest du sie im Sinne von Zero Waste flicken. Der DIY-used-Look kann auch cool aussehen (Visual Mending, Seite 108). So werden am meisten Ressourcen eingespart, weil weniger Kleidung neu produziert werden muss.

Wenn ein Teil nicht mehr zu retten ist, ist Upcycling eine gute Idee. Denn im Altkleidercontainer wird eine kaputte Textilie oft nur noch downgecycelt – also zu Putzlappen und Co. verarbeitet.

TEXTIL-UPCYCLING

Upcycling ist also nur eine Form der Wiederverwertung. Kaputte Textilien oder Reste aus der Textilindustrie werden in etwas Höherwertiges umgewandelt. Natürlich beschränkt sich das nicht nur auf Mode, sondern gilt auch für ausgediente Möbel und andere Produkte.

Wenn dadurch sinnvolle Unikate entstehen, ist Upcycling ressourcenschonend und verringert Energieverbrauch sowie Umweltverschmutzung.

Vor allem beim Textil-Upcycling können wir aus dem Vollen schöpfen: Kaputte Hosen, löchrige Oberteile und fadenscheinige Socken fallen immer wieder an. Projekte und Ideen findest du auf den nächsten Seiten.

REFASHION

Im Gegensatz zum Upcycling wird beim Refashion nichts völlig Neues kreiert, sondern das Aussehen des Kleidungstücks verändert. Die Jeans, die zur Tasche wird, ist ein Upcyclingprojekt. Der Pulli, der neue Bündchen erhält, fällt unter Refashion. Die Grenzen sind dabei fließend.

Da auch beim Refashion ähnliche Nachhaltigkeitsaspekte wie beim Upcycling gelten, sind die Begrifflichkeiten letzten Endes zweitrangig. Im besten Fall wird beim Aufhübschen eine schädliche Stelle repariert, um ein Kleidungsstück so lange wie möglich zu erhalten.

Es versteht sich von selbst, dass für Refashion- und Upcyclingprojekte keine neuen Stücke gekauft werden sollten. Daher findest du in diesem Buch Projekte, die sich in den meisten Haushalten umsetzen lassen. Sei kreativ und überlege selbst, welche Stücke sich wie umarbeiten lassen.

EIN NEUES LEBEN

In Deutschland werden jährlich etwa eine Million Tonnen Altkleider abgegeben – viel mehr, als soziale Einrichtungen benötigen.

ALTKLEIDERSAMMLUNG

Textilien können zu sozialen Einrichtungen gebracht, in einen Container eingeworfen oder bei einer Haustürsammlung abgegeben werden.

Achte beim Abgeben auf das Zeichen FairWertung. Hier sammeln gemeinnützige Organisationen. Die Kleidung oder der Erlös geht in soziale Projekte.

Unter altkleiderspenden.de findest du Abgabemöglichkeiten oder Container in deiner Nähe.

SOZIALE EINRICHTUNGEN

Auch Kleiderkammern, Sozialkaufhäuser und andere gemeinnützige Initiativen nehmen gut erhaltene Textilien an. Die Kleidungsstücke werden direkt bei der Annahme geprüft und später günstig angeboten oder an Bedürftige weitergegeben.

In größeren Orten gibt es auch Secondhand-Läden, die dir Textilien mit einer geringen Summe vergüten und den Stücken ein neues Leben ermöglichen.

Alles, was nicht mehr gut genug für soziale Einrichtungen und Secondhand-Läden ist, kannst du zu etwas Neuem upcyceln.

TEXTIL-RECYCLING

Einige Materialien können wiederverwertet werden. Da Textilien zunehmend aus Fasermischungen bestehen, wird das Recyceln allerdings erschwert. Denn für die optimale Wiederverwertung eines Stoffes sind die Trennbarkeit der Materialien und Sortenreinheit eine wichtige Voraussetzung.

Meistens können nur sortenreine Textilien als Reißfaser zur Garnherstellung dienen. Auch sortenreine synthetische Fasern können durch den mechanischen oder chemischen Einsatz wieder aufbereitet werden. Textilien mit Elasthananteil lassen sich dagegen schwerer aufbereiten.

Deshalb sollte beim Einkauf von Textilien auf Qualität und Sortenreinheit geachtet werden. Der Einkauf von Secondhand-Kleidung ist außerdem ein konkreter Beitrag zur Schonung von Ressourcen.

> *„Recycling ist gut und wichtig. Aber noch besser ist es, wenn der Abfall gar nicht erst entsteht."*
>
> *Klaus Müller, Vorstand des Verbraucherzentrale-Bundesverbands*

Es wird auch nicht-textiler Müll zu Fasern recycelt. Die PET-Flasche beispielsweise ist aus reinem Polyester, kann eingeschmolzen und zu neuen Fasern versponnen werden. So entstehen rPET-Stoffe und -Nähgarne.

CRADLE TO CRADLE

Beim „Cradle-to-Cradle"-Konzept („von der Wiege bis zur Wiege") wird der Recyclinggedanke schon bei der Planung bedacht. Das Prinzip basiert auf geschlossenen Kreisläufen, die keine Abfälle erzeugen und wertvolle Rohstoffe erhalten. Die Materialien sollen ökologisch erzeugt werden, von hoher Qualität sein und nie zu Abfall werden, da sich die eingesetzten Ressourcen am Ende wieder in den Kreislauf einfügen.

Produkte, die biologisch abbaubar sind, fallen ebenfalls unter dieses Prinzip, da sie als Kompost wieder Nährstoffe abgeben können. Besser ist es natürlich, ein Projekt nicht nur kompostierbar, sondern komplett recycelbar zu machen.

Als Hobbynäher können wir selbst entscheiden, welche Materialien wir verwenden. Nähe dein nächstes Baumwollshirt ohne Elasthananteil und ohne Polyesternähgarn nach dem „Cradle-to-Cradle"-Prinzip. Der Schnitt auf Seite 86 eignet sich perfekt dafür.

BLUSE AUS HERRENHEMD

Ein Projekt ohne Schnittmuster ist immer eine individuelle Erfahrung. Überlege und skizziere, welche Anpassungen zu dir und deiner Garderobe passen.

MATERIAL

- → Abgetragenes Herrenhemd
- → Schrägband
- → Ca. 1,5 m dünnes Bio-Gummiband aus Naturkautschuk, 5 mm breit

Am besten funktioniert ein Herrenhemd, das dir an den Schultern etwas zu weit ist. Trenne alles ab, was später noch gebraucht wird (Labels, Manschetten etc.) oder beim neuen Stück stört (plakative Brusttaschen).

VARIANTE

Du kannst den Ausschnitt auch extraweit ausschneiden. Eine Off-Shoulder-Bluse kommt besonders sommerlich daher! Vielleicht hast du noch mehr Ideen für deine individuelle Bluse.

ZUSCHNITT

Das Blusenshirt benötigt keinen Zuschnitt. Ausschnittform und Gesamtlänge werden nach einer Anprobe festgelegt.

INFO

Aus Hemden können auch andere Kleidungsstücke entstehen: Off- oder One-Shoulder-Shirts, ärmellose Blusen oder Röcke. Wenn du zwei farblich passende Hemden verwerten möchtest, sind sogar Kleider möglich.

SO GEHT'S

1

3

2

4

1. Zeichne den Ausschnitt bei der Anprobe wegen des Gummizugs etwas weiter als gewünscht ein. Die Nahtzugabe fällt dabei nicht ins Gewicht. Du kannst vorn einen Teller als Schablone nutzen. Beachte: Knöpfe sollten nicht zu nah an den Nahtlinien liegen, dein Kopf sollte durch den Ausschnitt passen. Schneide die Ausschnittlinie aus.
2. Stecke für den Gummizugtunnel das Schrägband rechts auf rechts mit der aufgefalteten Seite an den zugeknöpften Ausschnitt. Das Band wird an den Enden 1 cm nach innen gefaltet und trifft an der hinteren Mitte Stoß an Stoß aufeinander. Nähe das Band auf seiner Faltlinie fest.
3. Klappe das Schrägband an der Nahtkante in das Hemd und steppe es knappkantig fest, um einen Tunnel zu erhalten. Achte dabei darauf, dass sich dein Gummiband noch durch den Tunnel ziehen lässt.
4. Ziehe ein schmales Gummiband an der Öffnung ein und bestimme bei einer Anprobe die richtige Gummibandlänge. Schließe das Gummiband mit ein paar Handstichen und kürze die Enden. Die Einzugsöffnung kann offen bleiben.

5. Zeichne eine neue Seitenlinie ein und hefte sie für eine Anprobe. Achte darauf, dass die Tunika ihre Luftigkeit behält. Steppe die neue Seitenlinie ab und versäubere sie. Wenn du den Originalsaum weiterverwenden möchtest, lass die Naht an der Hüfte sanft auslaufen.

6. Kürze die Ärmel auf die gewünschte Länge. Du kannst am Ärmelabschluss einen Saum mit eingezogenem Gummiband arbeiten oder die zugeknöpften Manschetten ansetzen, wenn sie nicht zu eng sind. Markiere dir die Ärmelseitennaht an der Manschette. Kräusle bei der Weiterverwendung der Manschetten die überschüssige Weite des Ärmels ein.

7. Nähe am Rückteil auf Taillenhöhe von innen ein Gummiband auf. Schneide dafür ein Gummiband auf deinen halben Taillenumfang zu und stecke es waagerecht von Seitennaht zu Seitennaht auf. Befestige es mit einem Zickzackstich und dehne das Gummiband dabei gleichmäßig.

8. Kürze für einen Blusen-Look den Saum auf die gewünschte Länge (plus Saumzugabe) und säume das Hemd neu. Auch hier kannst du bei Bedarf ein schmales Gummiband einziehen. Hier wurde der geschwungene Originalsaum in Tunikalänge gelassen.

VISUAL MENDING

Verbinde das Reparieren von Kleidungsstücken mit achtsamen Tätigkeiten. Verschönere dein Flickwerk mit meditativen Handstickereien.

SASHIKO-STICKEREIEN

Sashiko ist eine japanische Stepp- und Reparaturtechnik. Mit einfachen Vorstichen werden traditionelle, geometrische Muster gestickt.

MATERIAL

- → Eine löchrige Jeans
- → Ein Flicken oder Stück Jeans
- → Stick- oder Perlgarn
- → Sticknadel

SO GEHT'S

1. Wenn das Loch in deiner Jeans am Knie ist, öffne dort die Außenbeinnaht, damit du besser herankommst.
2. Nähe einen Flicken auf oder unter das Loch oder fixiere es mit der Stopf-Funktion deiner Nähmaschine.
3. Überlege dir ein Muster. Im Internet gibt es zahlreiche Inspirationen. Dieses Muster hier ist auch anfängertauglich. Zeichne bei Bedarf Hilfspunkte oder Hilfslinien ein.
4. Sticke mit Vorstichen dein Muster auf die ausgebesserte Stelle. Arbeite im Normalfall immer erst alle senkrechten, dann alle waagerechten Stiche.

Gleichmäßig lange Stiche erhältst du, wenn du auf deinem linken Zeigefinger die Stichlänge markierst und dich immer daran orientierst. Bei groben Stoffen dürfen deine Stiche bis zu 1 cm lang werden.

JEANS AUFBEREITEN

Wenn eine Jeans nicht mehr zu retten ist, kannst du sie upcyceln. Zerschneide das beliebteste Upcycling-material in größtmögliche Stücke.

ZUSCHNITT

Schneide deine Jeans zuerst an der Innenbeinnaht entlang auf, dann entlang der Schrittnaht. Am Verschluss an der Vorderseite seitlich vorbeischneiden.

So erhältst du die größtmöglichen Stücke. Ob du die Seitennaht der Beine als Element weiterverwendest oder sie ebenfalls auseinanderschneidest, ist von deinem Projekt abhängig.

SCHNITTTEILE AUFLEGEN

Plane in Ruhe, wie du deine Schnittteile platzierst. Starte mit den größten Schnittteilen und arbeite dich zu den kleineren vor.

Falls Schnittteile zu groß sind, kannst du sie aus mehreren Stücken zusammensetzen. Teile dazu dein Schnittteil und gib an den Kanten jeweils eine Nahtzugabe hinzu. Manchmal darfst du den Fadenlauf vernachlässigen oder kannst dein Projekt komplett gespiegelt zuschneiden, um Material zu sparen.

JEANS-ELEMENTE

Taschen und Aufnäher kannst du entweder abtrennen oder beim Auflegen deiner Schnittteile einplanen. Fixiere beim Weiterverwenden der Hüftpassentasche das Taschenfutter gut.

Falls sich Nieten oder Reißverschlüsse auf deinem Material befinden, achte darauf, dass dein Nähfüßchen später gut daran vorbeikommt. Schneide solche Elemente keinesfalls mit deiner Stoffschere. Gürtelschlaufen musst du eventuell abtrennen, da die vielen Schichten beim Nähen Probleme bereiten könnten.

UPCYCLING-MÄPPCHEN

Bei diesem Mäppchen verwertest du sogar die Taschen deiner Jeans. Der selbst gebastelte Tasselverschluss erleichtert dir das Öffnen und Schließen deines Täschchens.

MATERIAL

- → Zerschlissene Jeans
- → Jerseyrest oder altes T-Shirt
- → Großer Knopf, ca. 28 mm Ø

VARIANTE

Wenn du das Mäppchen lieber aus deinem kaputten Lieblingsrock oder der ausgemusterten Lieblingsbluse nähst, verstärke dein Material vor dem Vernähen mit Baumwolleinlage, damit das Mäppchen mehr Stand bekommt.

ZUSCHNITT

1 cm Nahtzugabe ist enthalten. Verwende eine Hüftpassentasche für die äußere Taschenklappe und eine Gesäßtasche für ein Innenteil.

- → Mäppchen Taschenteil: 4× gegengleich aus Jeansstoff (SB 1)
- → Mäppchen Klappe: 2× gegengleich aus Jeansstoff (SB 1)
- → 5 Streifen: Tasselstreifen: 5× aus Jersey (Maß: 10 × 1 cm)

HINWEIS

Du hast nur eine Kinderjeans zur Hand? Kein Problem! Setze deine Schnittteile wie auf Seite 109 beschrieben aus mehreren Stoffstücken zusammen.

1

3

2

4

1. Falte einen Tasselstreifen und lege ihn mittig unter die vier restlichen Streifen. Klappe die Schlaufe des ersten Streifens nach oben, führe die Enden durch die Schlaufe und ziehe den Knoten fest. Sichere die Tassel bei Bedarf mit Nähgarn und beschneide sie.
2. Stecke die Tassel an ein Klappenteil; sie liegt dabei auf dem Stoff. Der Abstand vom Knoten bis zur Nahtlinie beträgt etwa 2,5 cm. Stecke das zweite Klappenteil rechts auf rechts auf das erste und nähe die Schichten seitlich und unten zusammen. Schneide die Nahtzugabe zurück, wende die Klappe und forme die Ecken schön aus. Steppe die Klappe sorgfältig von außen ab.
3. Jetzt werden die beiden äußeren Taschenteile rechts auf rechts aufeinandergelegt und an der unteren Kante zusammengenäht. Arbeite die inneren Taschenteile genauso und lasse eine Wendeöffnung von etwa 8 cm.
4. Lasse die beiden Taschenteile der Außentasche rechts auf rechts liegen und falte die zuletzt genähte Naht wie auf dem Bild zu sehen jeweils 1 cm nach innen, um die Origami-Ecke zu nähen. Stecke und nähe sie an den seitlichen Rändern fest. Arbeite die Futtertasche genauso.

5. Jetzt kannst du das äußere Mäppchen wenden und die Origami-Ecke leicht ausformen. Übrigens: Wenn dein Material zu steif für die Origami-Ecken ist, kannst du Schritt 4 und 5 einfach weglassen.
6. Beim Zusammenfügen der Mäppchenteile musst du darauf achten, was bei deinem Mäppchen außen oder innen sowie vorne und hinten erscheinen soll. Hefte zuerst die Klappe mit der Außenseite an die hintere obere Kante des Außenmäppchens. Die Klappe sitzt nicht ganz bündig an den Seitennähten, damit sie sich später besser umfalten lässt.
7. Schiebe das Außenmäppchen rechts auf rechts in das Futtermäppchen. Die Seitennähte treffen jeweils aufeinander. Nähe alle Schichten rundherum aneinander.
8. Nun wendest du das Mäppchen durch die Wendeöffnung und schließt die Öffnung mit einem Geradstich. Stecke das Futtermäppchen in das Außenmäppchen und forme die verstürzte Vorderkante sorgfältig aus. Steppe die Kante rundherum ab. Überprüfe die Knopfposition anhand deiner Tassel bzw. Schlaufe, nähe den Knopf an.

UMHÄNGETASCHE

Hier bekommt nicht nur eine Jeans, sondern auch ein Gürtel ein neues Leben. Die praktische Tasche mit vielen Details ist flexibel einsetzbar und kommt ohne Verschluss aus.

MATERIAL

- → Zerschlissene Jeans
- → Zwei mittelgroße Restücke Webware oder Altkleider
- → Alter Gürtel oder Baumwoll-Gurtband, 4 cm breit,
- → 2 D-Ringe aus Metall, 40 mm
- → 2 Taschenkarabiner aus Metall, 40 mm
- → **Optional:** Rest (18 cm) Bio-Gummiband aus Naturkautschuk
- → **Optional:** (Kunst-)Leder von einer alten Tasche

Natürlich kannst du die Tasche auch aus anderen Altkleidern nähen, wenn sie genug Festigkeit haben.

VARIANTE

Du kannst alle Taschenteile und die Taschenklappe auch 6 cm breiter zuschneiden, damit ein DIN-A4-Collegeblock in die Tasche passt. Bedenke, dass du dann wahrscheinlich alle Schnittteile aus mehreren Stücken zusammensetzen musst.

ZUSCHNITT

1 cm Nahtzugabe ist enthalten.

- → Umhängetasche, Taschenteil: je 2× aus Außen- und Futterstoff (SB 1)
- → Für die Taschenklappe zwei Rechtecke zuschneiden: 30 × 30 cm aus Außenstoff
- → Für die Trägerlaschen zwei Rechtecke zuschneiden: 10 × 8 cm aus Außenstoff

ABMESSUNG

etwa
28 cm × 26 cm × 8 cm
(B × H × T)

1

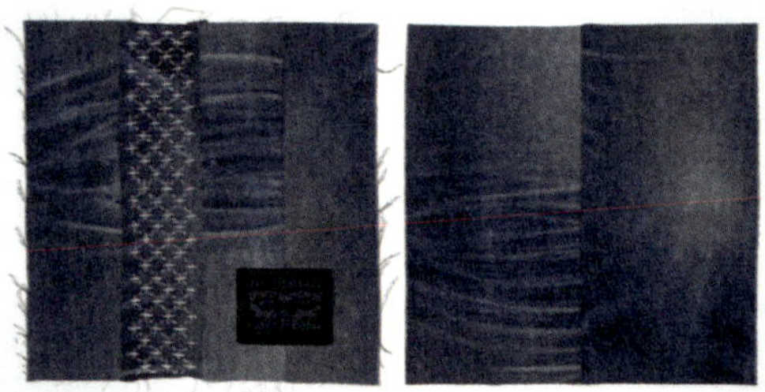

3

2

4

1. Wenn die Schnittteile nicht auf deine Jeans passen, kannst du auch Streifen in der passenden Höhe aneinandernähen. Rechne beim Zusammensetzen eine Nahtzugabe hinzu. Die äußere Taschenklappe wurde hier bestickt (siehe Seite 108) und mit Original-Label verziert.
2. Als doppelte Innentasche kannst du die Gesäßtasche der Jeans verwenden. Schneide sie knappkantig aus und lass dabei am oberen Ende etwa 2 cm überstehen. Die Saumzugabe versäubern, nach links falten und knappkantig absteppen. Alternativ kannst du auch einfach ein Rechteck (wie beim Rock auf Seite 90) im gewünschten Maß vorbereiten.
3. Stecke die Innentasche links auf rechts auf das hintere Taschenteil aus Futterstoff. Platziere sie mittig, mindestens 4 cm von allen Rändern entfernt. Steppe sie knappkantig auf. Am besten sicherst du Nahtanfang und -ende mit einem kleinen Dreieck oder Riegel.
4. Klappe 1 cm des Gummibands um und stecke es wie auf dem Foto zu sehen als Stifte-Halterung auf das vordere Taschenteil aus Außenstoff. Der Abstand zum oberen Rand ist etwa 10 cm. Nähe die umgeklappte Saumzugabe gut fest und steppe dann vertikale Linien im gewünschten Abstand auf. Verziere Nachtanfang und -ende mit kontrastfarbigen Handstichen.

5

7

6

8

5. Stecke die beiden Taschenklappen rechts auf rechts aufeinander und nähe sie an den beiden Seiten und der Unterkante zusammen. Schneide die Nahtzugaben an den unteren Ecken schräg ab, damit sie sich besser ausformen lassen. Wende die Taschenklappe und forme die Ecken sorgfältig aus. Steppe sie anschließend knappkantig ab.
6. Lege die Klappe rechts auf rechts auf das hintere Taschenteil aus Außenstoff und nähe beides innerhalb der Nahtzugabe an der oberen Kante zusammen.
7. Nähe jetzt die beiden Taschenteile aus Außenstoff rechts auf rechts an der unteren Kante und an den beiden Seiten zusammen. Achte beim Nähen darauf, dass du die Taschenklappe nicht erfasst.
8. Anschließend steckst du die Ecken aufeinander. Beginne mit der unteren und seitlichen Naht in der Mitte und klappe die Nahtzugaben gegeneinander. Stecke dann auch die Enden zusammen. Nähe alles zusammen.

9

11

10

12

9. Arbeite die Futtertasche genauso. Lass hier an der Unterkante eine Wendeöffnung von etwa 10 cm. Ich arbeite gerne eine kleine Lasche in die Seitennaht, an der später ein Schlüsselring für einen Karabiner angebracht wird.

10. Für die Trägerlaschen, in die die D-Ringe gefädelt werden, faltest du dein Rechteck aus Jeansstoff zuerst der Länge nach zur Hälfte und anschließend die Nahtzugaben 1 cm nach innen. Bügle die Kanten glatt und steppe eine oder beide Kanten knappkantig ab. Alternativ kannst du auch Gurtbandreste mit 4 cm Breite aus deinem Fundus nutzen.

11. Stecke die Laschen mit den D-Ringen an die rechte Seite der Außentasche. Die Lasche liegt dabei mittig zur Seitennaht und überlappt die Taschenklappe nicht. Nähe die Laschen innerhalb der Nahtzugabe an.

12. Die Futtertasche rechts auf rechts in die Außentasche stecken und den oberen Rand rundherum zusammennähen. Wende die Tasche anschließend durch die Wendeöffnung und schließe diese. Stecke die Futtertasche in die Außentasche und forme die Ecken aus. Klappe Taschenklappe und Lasche nach oben, bügle die Kante und steppe sie knappkantig ab.

13. Für einen Gürtel als Trageriemen schneidest du ihn auseinander. Achte auf die Position der Schnalle. Fädle bei dünnen Gürteln die Karabiner auf, falte die Enden um und nähe sie fest. Schneide bei dickeren Gürteln aus (Kunst-)Lederresten passende Laschen für die Karabiner zu.

14. Alternativ kannst du auch Gurtband als Trageriemen nutzen oder du nähst dir dein Band nach dem Prinzip aus Schritt 10 selbst. Fädle dann das Band durch den Karabiner und schlage es erst 3 cm und dann weitere 4 cm um den Karabiner herum nach innen um. Nähe es sorgfältig in einem Rechteck mit Kreuz in der Mitte fest, damit sich die Belastung später gut verteilt.

15. Jetzt fädelst du das andere Ende des Bands zuerst durch die erste, dann locker durch die zweite Öffnung des Schiebers und anschließend durch den zweiten Karabiner. Der Karabiner zeigt dabei vom Schieber weg.

16. Das Band wird nun erneut durch die erste, dann durch die zweite Öffnung des Schiebers gefädelt. Klappe auch dieses Ende erst 3 cm, dann 4 cm um den Schieber herum nach innen um. Fixiere die drei Schichten und verschiebe den Schieber so, dass du gut an das Bandende herankommst, und nähe es sorgfältig fest. Fertig ist dein verstellbarer Taschengurt, der sich an unterschiedlichen Taschen nutzen lässt!

UPCYCLING-IDEEN

Kleidungsstücke, die du nicht mehr trägst, hast du mit Sicherheit zu Hause. Kaputtes eignet sich am besten für Upcyclingprojekte.

JEDE MENGE NÄHIDEEN

Bevor wir zerschlissene Kleidung in den Altkleider-Container werfen, sollten wir prüfen, aus welchen Teilen wir noch etwas Sinnvolles nähen können. Was brauchst du gerade? So sparst du dir direkt den Neukauf von Material.

Shirt, Hemd und Jeans sind dabei sicher das beliebteste Ausgangsmaterial. Natürlich können auch kaputte Kinderleggings, Jacken, Socken und Regenschirmstoffe ein neues Leben erhalten. Lass deiner Kreativität freien Lauf!

SHIRT	HEMD ODER BLUSE	HOSE ODER JEANS
DIY-Garn aus Jerseystreifen	Carmenbluse	Alle Arten von Taschen
Einkaufsbeutel	Kinderkleid	Jeansrock
Kissenbezug	Loopschal	Schürze
Kleid aus zwei Shirts	Sommerrock	Trageriemen
Patchworkschal aus Lieblingsshirts	Zugbeutel	Utensilo

3 FRAGEN AN

TATIANA VON TILLIT näht vor allem zeitlose Kleidung und kleine Taschen mit wunderschönen Details. Sie färbt gerne Stoffe und liebt das Selbermachen. tillit.blog

WELCHE UPCYCLINGMATERIALIEN VERWERTEST DU AM LIEBSTEN?

Ich bin im Laufe meiner „Nähkarriere" irgendwann über altes Leinen gestolpert und habe es bald lieben gelernt. Leinen hat eine wunderbar lebendige, unperfekte und dennoch so schöne Struktur, und altes Leinen, welches ich in Form von Nachthemden, Handtüchern, Tischdecken oder Bettwäsche zum Beispiel auf Flohmärkten finde, erzählt einem zudem noch Geschichten.

HAST DU EINEN TIPP FÜR ALTE BETTWÄSCHE?

Weiße Bettwäsche, egal ob aus Leinen oder auch Baumwolle, färbe ich sehr gerne ein. Angeregt durch verschiedene Instagramaccounts, versuche ich immer wieder, mit verschiedenen Pflanzen zu färben. Beispielsweise erhält man mit Avocadoschalen und -kernen ein wunderschönes Altrosa, mit Goldrute färbt sich der Stoff gelblich, und mit Erlenzapfen habe ich vor Kurzem sehr sanfte und schöne Brauntöne gefärbt. Auch die japanische Shiboritechnik, bei der man Stoffe vor dem Färben faltet und/oder abbindet, habe ich bereits mit Bettwäsche ausprobiert und schöne Ergebnisse erzielt.

WAS NÄHST DU DANN DARAUS?

Am häufigsten verwende ich das alte Leinen und gefärbte Stoffe für Taschen, Beutel und Mäppchen. Naturgefärbte Stoffe harmonieren sehr schön miteinander, sodass ich aus verschiedenen Farben gerne auch kleinere Patchworkarbeiten mache. Meinen aktuellen naturgefärbten Stoffstapel möchte ich bald – kombiniert mit naturbelassenem Leinen – zu einer großen Patchworkdecke vernähen. Übrigens: Auch kleine Stickereien machen sich hervorragend auf altem Leinen.

FAZIT

Klimawandel, Mikroplastik und menschenunwürdige Arbeitsbedingungen können uns ganz schön beunruhigen. Wir als Selbermacher haben den ersten Schritt gegen den Konsumterror schon gemacht.

Nähen und Flicken sind nie umweltschädlicher Massenkonsum und minimieren unseren ökologischen Fußabdruck ein wenig. Was wir alles beim Planen und Nähen beachten, damit unsere Projekte wirklich nachhaltig werden, kann jeder von uns individuell selbst entscheiden.

Ich denke, uns ist allen klar, dass es nicht reicht, nur beim Nähen auf die Umwelt zu achten. Ob wir dazu auch einen vegetarischen, minimalistischen oder anderweitig umweltfreundlichen Weg einschlagen, liegt in unserer Hand.

Lasst uns anderen in unserem Umfeld einen nachhaltigen Lebensstil vorleben! Wie wäre es für den Anfang mit kleinen Zero-Waste-Geschenken, die zu ermunternden Gesprächen anregen? Auf den nächsten Seiten habe ich dir eine Sammlung mit weiteren Inspirationen, hilfreichen Infos und Empfehlungen zusammengestellt.

Die Summe vieler kleiner Veränderungen kann zu Umbrüchen führen, die in der heutigen Gesellschaft dringend gebraucht werden. Wenn man die Welt verändern will, muss man bei sich selbst anfangen.

> *„Mich interessiert nur die Zukunft, denn das ist die Zeit, in der ich leben werde."*
>
> *Albert Schweitzer*

QUICK-TIPPS

1

HOBBYNÄHER

- → Plane bewusster und nähe weniger.
- → Verwende Vorhandenes oder Bio-Materialien.
- → Vermeide erdölbasierte Fasern.

2

STOFFHÄNDLER

- → Präsentiere ein umfangreiches Bio-Sortiment und innovative Stoffe.
- → Kennzeichne Faserherkunft und Produktionsland.
- → Versende plastikfrei und biete Selbstabholung an.

3

SCHNITTMACHER

- → Erstelle variable und kombinierbare Schnittmuster.
- → Optimiere die Verteilung auf den Schnittbogen.
- → Biete optimierte Zuschneidepläne an.

LITERATUR + LINKS

Informiere dich weiter und rede über die Dinge, die dich bewegen! Übrigens, die meisten Bücher findest du auch in gut sortierten Büchereien.

BÜCHER

- Einfach nachhaltig leben (Julia Zohren)
- CHANGE! Warum wir eine radikale Wende brauchen (Graeme Maxton)
- Grenzen des Wachstums – Das 30-Jahre-Update: Signal zum Kurswechsel (Donella Meadows, Jørgen Randers, Dennis Meadows)
- Mein Konsumtagebuch: Besser leben durch bewussten Konsum (JANAklar, Wieland Stolzenburg)
- Magic Cleaning: Wie richtiges Aufräumen Ihr Leben verändert (Marie Kondo)
- Zero Waste: Weniger Müll ist das neue Grün (Shia Su)
- Das Kleiderschrank-Projekt: Systematisch zum eigenen Stil und zu bewusstem Modekonsum (Anuschka Rees)

Schau dir auch Nähbücher zu den Themen Zero Waste, Resteverwertung und Upcycling an. Es gibt außerdem jede Menge Bücher für Baukastenschnitte und das Nähen einer Capsule Wardrobe. Finde das Buch, das am besten zu dir passt, und unterstütze einen lokalen Buchhändler, wenn du es in der Bücherei nicht findest.

VIDEOS UND DOKUS

- „Klimawandel: Das ist jetzt zu tun!" (maiLab) über youtube.com
- „Before the Flood" (EN) über beforetheflood.com
- „Minimalism" (EN) über minimalismfilm.com
- „Mode zum Wegwerfen - Das Prinzip PRIMARK" über youtube.com
- „Mode schlägt Moral – Wie fair ist unsere Kleidung?" über youtube.com
- „The True Cost – Der Preis der Mode" (EN) über truecostmovie.com
- „Plastikmüll statt Mode – Ersticken wir in Billig-Altkleidern?" über ardmediathek.de
- „Unravel – This is the final resting place of your cast-off clothing" (EN) über aeon.co

INTERNETSEITEN

- utopia.de
- smarticular.net
- bund.net
- nachhaltig-sein.info
- fussabdruck.de/fussabdrucktest
- umweltbundesamt.de/themen/klima-energie
- nachhaltiger-warenkorb.de
- fairtrade-deutschland.de
- global-standard.org/de
- wastelandrebel.com
- zerowastelifestyle.de
- modefluesterin.de/blog
- fairfashionguide.de
- kleidertausch.de
- altkleiderspenden.de
- instagram.com/katteilchen
- naadisnaa.ch
- fabelwald.at
- tillit.blog

BIO-SHOPS

internaht.de
01187 Dresden

biostoffe-meterware.de
06188 Landsberg

siebenblau.de
10437 Berlin

lebenskleidung.com
10999 Berlin

stoffonkel.de
14532 Stahnsdorf

stoffbiotop.de
18069 Rostock

danischpur.de
30559 Hannover

lillestoff.com
30855 Langenhagen

naturstoff.de
35452 Heuchelheim

c-pauli.de
51545 Waldbröl

fabrilogy.com
(Großhandel)
52499 Baesweiler

tigerlilly.de
65428 Rüsselsheim a. M.

meterwerk.de
73101 Aichelberg

albstoffe.de
(Großhandel)
72461 Albstadt-Tailfingen

stoffbotin.de
73773 Aichwald

karlottapink.de
86153 Augsburg

ÖSTERREICH

biostoffe.at
1160 Wien

kaysoo.at
4020 Linz

stoff-art.at
4020 Linz

kraftstoff.co.at
4600 Wels

SCHWEIZ

faybee.ch
8045 Zürich

yingdesign.ch
8400 Winterthur

naturstoffepur.ch
9032 Engelburg

mit besonderem Angebot
mit Ladenlokal

DANKE

Mein größter Dank gilt meiner Familie, die mir auch dieses Buchprojekt ermöglicht hat. Ich danke meinem Mann für viele anregende Diskussionen, konstruktives Feedback und fotografische Unterstützung. Meiner Tochter danke ich dafür, dass sie uns – wie alle Kinder – jeden Tag die Dringlichkeit dieser Thematik aufzeigt. Ich wünsche ihr und uns allen eine lebenswerte Zukunft!

Danke an all meine helfenden Nähfreundinnen – allen voran Stefanie Brugger, Kathrin Schait, Tatiana Fydrich-Gruber und Katrin Kloss, die uns mit ihren Interviews Einblicke in ihr DIY-Leben gegeben haben.

Ein großer Dank geht an meine Lektorin Judith Wiedemann vom EMF-Verlag, die mich mit meiner Buchidee unterstützt hat.

Auch wenn ein Großteil der Projekte in diesem Buch aus Resten und Vorhandenem genäht wurde, bin ich Siebenblau, Fräulein Garn's Stoffbiotop und Snaply sehr dankbar für umweltfreundliche Bio-Stoffe, nachhaltige Knöpfe und langlebiges Taschenzubehör.

Danke, liebe Leserin/lieber Leser, dass du dieses Buch gelesen hast! Ich hoffe, du konntest ein paar Anregungen finden und anwenden.

ÜBER DIE AUTORIN

Die Grafik-Designerin Petra Wünsche liebt das Selbermachen in allen Varianten und bietet unter ihrem Label „pedilu“ Schnittmuster an. Sie würde gern noch viel nachhaltiger leben und setzt das unter dem Motto „Jeden Tag ein Schrittchen mehr“ um.

pedilu.com

IMPRESSUM

Bibliografische Information der Deutschen Bibliothek.

Die Deutsche Bibliothek verzeichnet diese Publikation in der Deutschen Nationalbibliografie.
Detaillierte bibliografische Daten sind im Internet über http://www.dnb.de/ abrufbar.

EIN BUCH DER EDITION MICHAEL FISCHER

1. Auflage 2020

Covergestaltung, Layout und Satz: Luca Feigs
Projektmanagement: Judith Wiedemann
Lektorat: Ute Wielandt
Fotos und Illustrationen: Petra und Hendrik Wünsche; Katrin Kloss (S. 51), Kathrin Schait (S. 75), Stefanie Brugger (S. 81), Tatiana Fydrich-Gruber (S. 121), Annie Spratt/unsplash (S. 1)
Siegel: © Global Organic Textile Standard (GOTS); © TransFair e. V. (Fairtrade Certified Cotton); © bluesign technologies ag (Bluesign); © Internationaler Verband der Naturtextilwirtschaft e. V. (IVN BEST); © OEKO-TEX® Service GmbH (OEKO-TEX Made in Green); © Ecocert IMO GmbH (fair for life), © C2C Products Innovation Institute (Cradle to Cradle)
Schnitte: Petra Wünsche

ISBN 978-3-96093-721-0

Gedruckt bei Polygraf Print, Čapajevova 44, 08001 Prešov, Slowakei

www.emf-verlag.de

FSC www.fsc.org MIX Papier aus verantwortungsvollen Quellen FSC® C145070